粉色水萝卜

白皮萝卜

黑皮萝卜

U0207936

1

隐身型萝卜

半隐身型
红皮萝卜

丰光一代

2

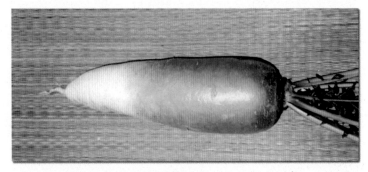

丰翘一代

春红一号

心里美

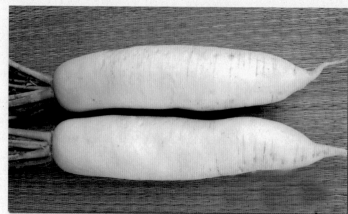

丰美一代

丰玉一代
萝卜收获

萝卜垄作栽培

4

阳畦

平畦

萝卜平畦栽培

5

萝卜地膜
覆盖栽培

萝卜小拱棚栽培

萝卜中拱棚栽培

萝卜大棚
高畦栽培

萝卜日光
温室栽培

萝卜与芹菜间作

7

水萝卜温室
边角种植

萝卜沟藏

萝卜芽菜

8

果蔬商品生产新技术丛书

提高萝卜商品性栽培技术问答

编著者

武玲萱　侯志钢　张继宁

金盾出版社

内 容 提 要

　　本书是"果蔬商品生产新技术丛书"的一个分册。内容包括：萝卜产业与萝卜商品性，影响萝卜商品性的关键因素，萝卜品种选择、栽培区域、栽培模式、栽培环境管理、病虫害防治、采收和采后处理、安全生产、标准化生产与萝卜商品性。本书内容充实，技术先进，文字通俗易懂。适合基层农业技术人员和广大菜农阅读使用。

图书在版编目(CIP)数据

　　提高萝卜商品性栽培技术问答/武玲萱等编著．—北京：金盾出版社，2009.8
　　(果蔬商品生产新技术丛书)
　　ISBN 978-7-5082-5849-2

　　Ⅰ．提… Ⅱ．武… Ⅲ．萝卜—蔬菜园艺—问答 Ⅳ．S631-44

　　中国版本图书馆 CIP 数据核字(2009)第 110939 号

金盾出版社出版、总发行
北京太平路 5 号(地铁万寿路站往南)
邮政编码：100036　电话：68214039　83219215
传真：68276683　网址：www.jdcbs.cn
封面印刷：北京精美彩色印刷有限公司
彩色正文印刷：北京印刷一厂
装订：兴浩装订厂
各地新华书店经销
开本：850×1168 1/32　印张：5.875　彩页：8　字数：139 千字
2010 年 10 月第 1 版第 2 次印刷
印数：10 001～18 000 册　定价：10.00 元
(凡购买金盾出版社的图书，如有缺页、
倒页、脱页者，本社发行部负责调换)

目　录

一、萝卜产业与萝卜商品性

1. 萝卜的起源及特点是什么?

(1)萝卜的起源 世界上萝卜的起源地,学术界历来说法不一,没有确定的结论。我国栽培的大、中型萝卜,许多学者认为原产于中国。我国学者周长久(1991)采用植物地理学、生态学及脂酶同功酶谱分析等方法,依据瓦维洛夫的"分布集中而形态学变异最丰富的地区往往是该作物的起源地"、"初生中心经常包含大量遗传显性性状"等理论,认为我国的萝卜起源于山东、江苏、安徽和河南等省,也就是黄淮海平原及山东丘陵地区。

(2)萝卜的特点 萝卜是以肥大的肉质根为主要食用器官,营养丰富。许多成分被证实对人体健康有重要作用,如萝卜中的糖化酶和淀粉酶可以分解食物中的脂肪、淀粉,帮助消化。萝卜中的芥子油有利于肠胃蠕动,可增进食欲。其醇提取物对防治脑膜炎、白喉等疾病都有一定作用。萝卜还有很好的防癌功效。其维生素C含量很高,它是促进人体细胞间基质结构完整的必需物质,可阻挡癌细胞的扩散。所以中医称萝卜具有止咳、化痰、消食、顺气、生津、除燥、散淤、解毒、治喘、利尿、醒酒等诸多功效。传统医学和现代科技都证明萝卜对人体健康具有重要的作用。

萝卜为十字花科萝卜属一、二年生植物。植株生长一般要求温和冷凉的气候和疏松的土壤。其产品食用方法多样,用途广泛。可作蔬菜、水果食用,也可加工和腌制,还可药用和用作饲料。萝卜的品种类型多,可以四季栽培,适应性强,生长快,产量高,耐贮运。栽培管理较简易,生产成本低,也便于专业化、规模化生产,所以在我国城乡广泛栽培。

2. 萝卜的栽培价值及发展前景如何?

萝卜是我国栽培历史最悠久的蔬菜之一,已有 2 700 年以上的历史。全国各地均有种植,在气候条件适宜的地区四季均可栽培,多数地区以秋季栽培为主,是冬、春季供应市场的主要蔬菜之一,播种面积在蔬菜中仅次于大白菜。之所以有如此大的播种面积,与萝卜的栽培价值高有很大关系。体现在如下方面:①丰富而全面的营养价值和显著而有效的药用价值。萝卜的营养素含量见附表 1。大量成分中含有水分、蛋白质、总脂肪、碳水化合物、纤维等,不含淀粉;矿物质中,含铁、锌、铜、锰、硒,富含钙、镁、磷、钾、钠;维生素中,维生素 A(视黄醇)、叶酸和维生素 C 含量都很高,除维生素 B_{12} 缺乏外,其他维生素类都存在;脂质中,不含胆固醇,植物甾醇类 7 毫克/100 克,总饱和脂肪酸总量和总单不饱和脂肪酸含量都很低;氨基酸中,18 种常见氨基酸在萝卜中都能发现,还含有 β-胡萝卜素和叶黄素+玉米黄质。萝卜的营养素指标有几大亮点:脂肪含量低、淀粉和糖类含量低,叶酸和维生素 A 含量高,胆固醇零含量,除维生素 B_{12} 外基本上是全营养。中医对萝卜的药用价值早有认识,现代医学科学也认为萝卜是维护人体健康最重要的蔬菜作物之一。②品种类型多,生育期短,易实现周年供应。我国是萝卜的起源中心之一,拥有丰富的类型和品种,春萝卜、夏秋萝卜、秋冬萝卜自成体系,中国地方品种有近 2 000 个,各地都拥有自己的优良地方品种。萝卜从播种到采收,依不同品种从 25 天至 90 天不等,可与多种作物间、套种,加之耐瘠薄、栽培省工省事,易于实现周年供应、满足人们一年四季食用萝卜的传统习惯。近 10 多年来,萝卜作为出口创汇蔬菜,出口量一直位居前列。目前我国萝卜种植面积在 120 万公顷左右,始终位居各种蔬菜栽培面积的前 3 名。据国家农业部在全国 20 个省、直辖市统计,河北、浙江、安徽、山东、广东、四川 6 省的萝卜栽培面积在 20 个省、直辖市中占71.1％，产量占70％以上，总产量达1181.8万吨。全国萝卜单产平均为33.903吨/公顷，即2262千克/667平方米。③出口萝卜生产的发展已成为中国萝卜生产上的一大特色。尤其是山东和江苏北部气候适宜、土壤疏松肥沃的地区，出口萝卜生产发展迅速。④随着生产的发展、生活水平的提高、对外交流的增加，要求品种选择、栽培制度和技术标准不断创新。在确保高产稳产的基础上，努力提高萝卜商品性栽培是萝卜产业发展的方向。第一，在品种选择上要因地制宜选择同类型中最优品种为主栽品种。第二，市场化程度要加强。随着地区间和国际交流的增加，传统的萝卜栽培模式受到了巨大的冲击。因为萝卜是多个起源中心，所以我国萝卜品种与外来品种相比，某些重要的性状表现较弱，如耐抽薹性、耐热性、耐糠心等。外来品种的涌入与出口型萝卜生产的兴起，促进了中国萝卜栽培的市场化、专业化、区域化进程，有利于与世界大市场进一步接轨。第三，栽培技术标准要提高。萝卜的食用部分是地下肉质根，生产中农药残留较少，但其品质更易受到过量化肥、重金属和农用水质的影响，所以培植洁净、肥沃的土壤系统显得尤为重要。应该选择或创造适合萝卜生产的环境条件，多施用有机肥或生物肥料，病虫害防治要尽可能地使用物理、农业、生物综合防治的方法。按照蔬菜安全生产标准进行萝卜生产，并应快速向有机农业标准转化。这样一来有利于环境保护，促进土壤、空气、水等生态的良性化运转，实现可持续发展；二来可以打破国家间的贸易壁垒，实现出口贸易的无障碍运营。

　　总之，我国有非常适合萝卜生产的环境，拥有世界上最丰富的品种资源，同时具有较为低廉的劳动力成本。只要生产技术与国际先进技术接轨，将是世界上第一流的萝卜生产和供应国。

3. 世界萝卜产业的现状是怎样的? 我国萝卜产业在蔬菜产业中的地位如何?

在世界各地,萝卜具有多个起源中心,如西亚、中国、东北亚(中国东北、朝鲜半岛和日本)及欧洲。若论及产业化的大面积栽培及萝卜在人们日常饮食生活中的重要地位,首推中国和历史上与中国有密切联系的国家(如日本、韩国、越南、泰国等)。尤其是日本和韩国,萝卜产业化程度很高,表现为萝卜育种水平高,栽培面积和消费量都很大。由于其独特的气候条件,使得当地的萝卜表现出与中国萝卜不同的类型:白皮类型多,耐抽薹和极耐抽薹类型丰富等。近几年,大量的日、韩萝卜品种进入我国,并以其显著的特点占据了一定的萝卜生产和消费市场,对本土品种造成了很大冲击。同时,我国萝卜育种工作者也得益于大量优良品种的进入,加快了消化、吸收、创新的步伐。无论怎样,中国始终是世界萝卜产业最重要的部分。

欧美等国家受消费习惯的影响,萝卜产业化程度较低,不仅产量少,消费量也不高,主要以小型化速生的萝卜供沙拉配菜,难以形成规模。

萝卜是我国栽培历史最为悠久的大众化蔬菜,千百年来为我国人民的健康和平安做出了巨大的贡献,"大鱼大肉伤人命,白菜萝卜保平安"的俗话表达了百姓对萝卜的喜爱。

20 世纪 90 年代,国家农业部在 20 多个省、市调查结果显示,萝卜年种植面积达 35.33 万公顷,栽培面积仅次于大白菜和粮、菜兼用的马铃薯,居第三位。至 2000 年,全国萝卜栽培面积达 121.39 万公顷,在蔬菜中仅次于大白菜(202.34 万公顷),稍逊于辣椒(130.91 万公顷)。2003 年全国播种面积为 121.89 万公顷,仅次于大白菜(269.93 万公顷),居第二位。之后稳定在 120 万公顷左右,一直居于蔬菜产业前三位之内。

4. 我国萝卜产业的现状及存在的问题是什么？

(1)我国萝卜产业现状 目前,我国萝卜栽培面积在120万公顷左右,位居多种蔬菜种植面积的前三位。萝卜生产的主要省份为河北、浙江、安徽、山东、广东、四川,其中又以山东省最多、年产量达130万吨,全国萝卜单产平均为33.903吨/公顷。

随着人们生活水平的提高和生产的发展,消费者对萝卜产品质量的要求也逐步提高,在品种选择和栽培制度方面也提出了新的要求。传统上萝卜的栽培很难实现全年供应,受其影响,消费习惯表现为鲜食萝卜时间很短,以腌渍和冬贮为主。随着国外优质品种的进入,如耐抽薹的早春白萝卜品种、耐热耐糠心的夏秋萝卜品种、味甜多汁的秋冬萝卜品种等,加上国内的大量优良品种,配合必要的农业设施保护栽培,可以较容易地实现萝卜的周年生产、周年供应。在食用习惯上,消费者逐渐接受了鲜食萝卜的方式,使得萝卜的营养价值得到更充分的体现。

出口创汇萝卜生产的发展,也是我国萝卜生产上的一大亮点。尤其是山东和江苏北部,气候适宜,土壤疏松肥沃,出口萝卜生产不仅数量大、品质也好。主要的出口地是萝卜消费大国日本和韩国。由于我国有适合萝卜栽培的优良气候、地理条件和相对便宜的劳动力成本,所以出口萝卜生产具有很强的国际市场竞争能力。此外,我国优秀的地方品种,如江苏如皋市的捏颈儿、四川涪陵市的胭脂红、北京市的心里美等萝卜品种同样誉满全球,深受国外消费者和外商的欢迎。

在当前农业种植结构调整的过程中,萝卜也发挥出重要作用。如湖北、江苏、山东、贵州等省都有供出口、加工和其他专用萝卜的生产基地,其效益远远超过大田作物。为提高大田的经济效益,许多农区安排进行间、轮、套作的种植模式,如玉米—萝卜、小麦—耐热萝卜、水稻—冬萝卜等,为农民带来更高的经济效益。

(2)**我国萝卜产业存在的问题** 近年来,我国的萝卜产业取得了快速的发展和良好的成绩,但依然存在着不少问题。

我国虽然是世界上萝卜种质资源最丰富的国家,萝卜的各种基因型(包括野生和近缘野生植物)在国内都能找到。但目前大量外国品种进入我国,并受到消费者的欢迎,说明我国在对自己资源的创新、利用方面还有许多不足。

品种创新、品种改良的体制比较落后。资源、育种、推广没有分开,集于育种者一身,很难持续地提供高品质的产品。

萝卜的食用器官为肉质根,其根入土的深度因品种不同而异,一般理解上应该容易达到比较高的栽培标准。但萝卜肉质根既是营养、水分吸收器官,又是养分贮藏器官,对土壤的微生态良性化、灌溉水质量以及农药残留等农业环境条件要求很高。伴随着出口贸易绿色壁垒和国内食品安全的急迫要求,需要越来越多的萝卜生产企业和农户采用绿色食品标准和有机农业标准进行生产,以实现农业环境的优化和农业的可持续发展,保障人民的健康。

5. 什么是萝卜的商品性生产?

萝卜商品性生产是指以国内或国际蔬菜大市场为目标所组织的具有竞争性的大规模、专业化蔬菜基地生产。是在市场经济条件下,随着社会、经济特别是城市及工矿企业发展而逐步形成和发展的,其主要特征是萝卜生产已形成了以追求市场效益为目标的集团化产业。主要有五大特点。

(1)**集中化** 萝卜生产基地的集中化是组织萝卜商品性生产的首要条件,生产越发达越趋向于集中化。大规模基地性生产有利于生产组织、生产基地建设及销售渠道的通畅,从而增强市场的竞争力。

(2)**专业化** 高度专业化是萝卜商品化生产的突出特征之一。根据蔬菜基地特点不同,专业化表现多种形式。有的表现为萝卜种植专业化(即纯菜区),在种植业方面只有萝卜没有其他作物;有的表现为蔬菜种类专业化,即以萝卜和其他少数几种蔬菜为主,形成拳头产品,在市场上占有优势;有的表现为生产方式专业化,如保护地萝卜生产基地、耐运输萝卜生产基地、加工萝卜生产基地等。专业化生产有利于生产技术的普及、生产设施的建设、产品贮藏、运输及销售、组织产供销联营等,从而有利于促进商品生产的发展。

(3)**适地化** 以城市为中心建立蔬菜生产基地,是蔬菜商品性生产在一定历史阶段的产销格局。随着生产、经济特别是交通的发展,以及城郊土地减少、污染加重、劳动力昂贵等不利因素的出现,蔬菜生产基地必然会逐步远离城市,向气候、土壤等自然资源及劳动力、土地、资金等社会资源较优越、交通又比较方便的地区发展,逐步形成适地种植的格局(即区域化种植)。在市场经济的条件下,适地种植具有较强的竞争力。由于各地生产优势及技术、管理条件的差异,原来生产布局极其分散的状态,会通过市场竞争而优胜劣汰,从而强化了生产的集中性及专业性。

(4)**流通化** 萝卜与其他商品不同,产品鲜嫩,含水量大,容易脱水变质。正因为这些原因,使得萝卜产业发展初期通常是在消费市场就近设立生产基地,即使到萝卜商品性生产初级阶段,仍然是以城郊或郊县生产为主。但是这种以城市为中心就地生产、就近供应的产销模式不利于萝卜周年生产供应的实现,也不适应市场竞争的要求。随着社会、经济的发展,萝卜产品将会在一定地域范围内甚至在全国及世界范围内进行流通。

(5)**订单化** 萝卜商品生产起初都是就近生产、本地供应,随着商品经济发展,逐步向市场化规模化生产过渡。由于生产的盲目性会导致商品相对过剩和价格波动,造成菜贱伤农。为了规避风险,萝卜商品化生产发展到较高阶段时,交易逐步由现货向期货过渡,表现在生产上就是订单化生产。生产者根据订单要求选择品种、栽培模式、栽培标准和上市时间,使各方的利益都得到保障。

6. 萝卜产业发展对商品性生产的要求是什么?

萝卜产业的发展要求萝卜商品性生产要实现规模化、标准化、区域化、专业化、订单化生产。①萝卜规模化栽培打破一家一户的小农栽培模式,可以整合各种生产要素,降低生产、流通及交易成本,有利于菜农迅速提高种植技术水平,增强市场的竞争力。②萝卜标准化生产是指在萝卜生产中的产地环境、生产过程和产品质量要符合国家与行业的相关标准,产品经质量监督检验机构检验合格,通过有关部门认证的过程。③萝卜的区域化生产是随着社会与经济的发展特别是交通运输业的大发展、运输成本的降低,使萝卜本地生产就近供应的模式受到挑战。一些拥有优越气候、土壤条件、劳动力成本低廉、交通便利的地区,会自发形成萝卜区域种植格局。同时,区域化生产地之间也存在自由的市场竞争,最终导致各种植区努力提高技术,降低成本,提高产品质量。④萝卜的专业化生产表现为种植专业化(纯萝卜栽培区)、种类专业化、生产方式专业化等几种形式,有利于普及和提高生产技术,便于生产设施及贮藏场所的集中建设,降低产品运输和销售成本,有助于组织产供销联营等,促进商品生产的发展。⑤萝卜的订单化生产是萝卜产业化和商品化发展到一定程度的产物,是市场对萝卜生产者的信誉和产品质量及品牌的认可与褒奖。订单生产实现了以销定产,可规避盲目生产造成的风险,降低风险成本,是产销双赢的市场运营模式。

7. 萝卜商品性包括哪几个方面?

萝卜的商品性是指萝卜外观、质地、货架期等的商品品质。外观指产品大小、形状、色泽、表面光洁度、含水程度、整齐度、成熟一致度等。具体指标因萝卜的种类、产地或供应地区食用习惯、食用方法及贮藏加工的不同要求而有所差异。它是衡量萝卜质量最普通的标准,是产品质量分级的基本依据。①大小:萝卜标准的产品,应该符合品种特性,大小适宜而匀称,整齐度高。②形状:萝卜的形状类型差异较大,有长圆柱形、短圆柱形、圆形、椭圆形、圆锥形等。萝卜商品性对形状的要求是必须符合基本品种的特征特性,表面光洁,忌畸形歪扭。③色泽:萝卜表皮颜色分为白色、淡黄绿色、绿色、红色、粉色、黑色等,萝卜商品性对产品色泽的要求是必须符合目标品种特征,色正而纯。④新鲜度:萝卜收获后仍然是有生命的个体,继续进行着旺盛的生理活动,很容易发生失水萎蔫。必须注意供应地对萝卜产品的质量要求,如日本在中国进口的白萝卜,要求将成熟的产品经晾晒脱水至半萎蔫作为半成品出口,此为特例。大多数情况都要求萝卜产品新鲜水嫩,在收获和包装贮运时应予以特别关注。此外,萝卜商品性还包括了风味品质、营养品质、加工品质和卫生品质。在注意产品商品品质的同时,也应重视其他方面的品质要求,特别是卫生品质会对产品的成功交易产生重要影响,尤其在进出口贸易中。

8. 提高萝卜商品性栽培的必要性和意义如何?

随着社会和经济的发展进步,我国萝卜的生产和供应由一家一户的小农经济阶段和本地生产、就近供应的城郊经济阶段逐步向商品性生产的市场化阶段过渡,表现出集中性、专业性、适地性、流通性和订单化的生产特点。

提高萝卜商品性栽培的必要性体现在以下几个方面:第一是体现为人们生活水平提高的客观要求。随着人们生活水平的不断提高,传统的饮食习惯也在发生变化。如对萝卜的消费由冬贮和腌渍为主转变成全年以鲜食为主。第二是萝卜周年生产和供应的要求。全年鲜食萝卜要求市场能一年四季提供新鲜萝卜产品,从而促进萝卜周年生产大发展。第三是人民对食品安全的要求。萝卜的周年生产、设施栽培面积的增加,致使农药、化肥等污染的加重。出于对食品安全和身体健康的考虑,人们倾向于选择适宜地区和适宜季节栽培、正常成熟的萝卜产品,进而促进专业化、流通化和订单化的萝卜生产。第四是出口创汇项目的客观要求。出口萝卜的生产即是订单化生产,其生产过程要求达到规模化、标准化、区域化生产和国际流通,并且对商品的安全品质有较高的要求。总之,国内和国际市场都迫切要求提高萝卜商品性栽培规模与技术水平。

萝卜自古以来就是我国人民最重要的蔬菜作物之一,近几年来在蔬菜生产和供应上始终处于前三位。提高萝卜商品性栽培的意义在于一方面满足国内人民对萝卜产品新鲜、安全、可周年供应的消费需求;另一方面可以满足国际市场上对物美价廉中国萝卜的迫切需要。

9. 目前萝卜商品性栽培中存在哪些问题？主要对策有哪些？

(1)存在的问题

①环境污染　第一,随着我国工业化和城市化的进程,大量的工业"三废"和生活垃圾排放到环境中。由于菜区大多数集中在城市的近、远郊,往往首当其冲受到污染,并且有逐步加重的趋势。这些污染物种类繁多,严重侵害蔬菜基地的土壤、水质和空气。其次,蔬菜生长期较短,复种指数大,病虫害发生蔓延快,农药使用量很大,农药残留的问题十分突出。第三,化肥的大量施用,破坏了土壤中各种元素的平衡,造成微生态系统的恶化、团粒结构消失、土壤板结和生产能力的丧失。所有这些污染物最终都会影响萝卜产品的风味、营养和卫生品质,降低萝卜的商品性,威胁人类的健康。

②管理不当　在萝卜的商品性栽培过程中,栽培管理技术主要有品种选择、菜田(土壤)选定、整地方式、栽植密度、间苗、施肥种类和数量、灌水、病虫害防治等,对其中的任一环节的忽视,都可能最终影响到产品质量。萝卜商品性主要存在萝卜栽培品种选择不当,与市场要求有差距;菜田土壤类型选择不当和整地方式不合适(如选择了黏性土壤,栽培上使用平畦栽培日、韩白萝卜品种等)造成产品质量不高,商品性差,影响到菜农的收益。

③产品积压　随着我国经济全面进入市场经济阶段,由于萝卜相对于大田作物的经济优势,使得栽培面积逐年扩大,目前市场上萝卜产品已呈过剩的状态,菜贱伤农的局面屡有发生,并且成为经常性状态。再加上加工、存贮条件不足,消化吸收能力有限,造成产品大量损失。据统计,蔬菜产品在采后的流通领域损失率高达 40% 多。

(2)主要对策　第一,国家要积极制定蔬菜生产卫生质量标准。严格控制工业"三废"的产生和排放,推行环境保护政策。第二,采用环境保护型的栽培方式和方法,如无公害生产标准、绿色食品标准和有机农业标准。减少化肥和农药的使用量,逐步建立和恢复农业生态系统生物多样性的良性循环,以维持农业的可持续性发展。第三,加强信息网络化建设和市场的培育,扶持蔬菜经纪人的成长,使目前较盲目的无序生产向订单化发展,实现以销定产,提高收益,降低成本。

二、影响萝卜商品性的关键因素

1. 影响萝卜商品性的关键因素有哪些?

萝卜商品性体现在以下几个方面:第一是品种选择。不同的供应市场和食用习惯对萝卜品种有比较固定的要求,好的品种不仅商品品质较好,而且其风味、营养等其他品质也较好。第二是栽培标准的选择。目前国内萝卜商品性生产有 3 个标准:无公害标准、绿色食品标准和有机农业标准。选用越高的生产标准,产品的卫生品质越容易达标,营养品质和风味品质方面也较好,产品容易实现高质、高价,进一步打开国内、国际市场。第三是采用更为先进的栽培技术。按照萝卜生长特点和食用器官的要求,栽培上选择疏松、肥沃、耕作层深厚、有机质含量高的砂壤土,采用起垄栽培,可以形成顺直的肉质根,提高其商品性。

2. 品种特性与萝卜商品性的关系是什么?

萝卜的品种特性除了形状、颜色、风味和生育期等生物学特性外,还表现在丰产性、抗病虫性、抗逆性和高品质等方面。好的品种决定了其商品品质表现较好,营养品质和风味品质也较佳。由于其具有较强的抗病、抗虫能力和抵御自然灾害的能力,可以减少各种农药的使用量,所以在卫生品质方面有较上乘的表现。萝卜的品种特性与其商品性密切相关,是萝卜商品性优劣的决定因素。

3. 栽培区域与萝卜商品性的关系是什么?

品种是决定萝卜商品性优劣最关键的因素。不同的栽培区域具有不同的气候条件、气象条件及地理、土质、水源条件等客观的自然条件,同时也包括消费习惯、种植习惯等人文环境。栽培区域的自然环境一般来说比较稳定,要求引种者选择符合条件的萝卜品种试种,选取完全能够适应环境,并且表现出品种的优良特性者进行推广。生产上总会有一些优良品种和某一栽培区域适应良好、相得益彰,可实现区域化栽培,成为当地主栽品种。再经多年的连选连种,逐步形成当地的名优地方品种。栽培区域间不同的自然环境也决定了一些栽培区域具有较强的竞争优势,适合某一类或几类萝卜的生长。例如韩国和日本是海洋性气候,土层深厚、疏松,雨量充沛,是适宜萝卜生长的天然地域,其萝卜产品外观和品质都属上乘;国内的山东也因具备同样条件,而成为我国萝卜商品性生产最发达的地区。总之,栽培区域是萝卜商品性表现如何的重要因素之一。

4. 栽培模式与萝卜商品性的关系是什么?

萝卜栽培模式是指在一定的自然和社会条件下所形成的比较固定的萝卜栽培形式。主要可分为露地萝卜栽培、设施萝卜栽培和间、混、套种萝卜栽培。

(1)**露地萝卜栽培** 是指利用自然气候、土地、肥力、水源等资源,加上人工管理,在适宜的季节里生产萝卜产品的一种栽培形式。是一种能量产投比最高的栽培形式,也是萝卜栽培的主要方式。主要分为露地春提早栽培、春夏栽培、夏秋栽培、露地秋延后栽培等。每一种方式都是在充分利用当地各季节的自然资源基础上,高度发挥最适宜品种的潜在基因表达能力,以获取最大的效益。萝卜露地栽培模式下,萝卜品种所具有的基因特性可以在较为适应的环境条件下充分表达出来,所以产品在商品品质、风味品质、营养品质和卫生品质方面表现较优异,商品性较好。因为产量大,生产期较集中,其经济效益不如生态效益和社会效益显著。

(2)**设施萝卜栽培** 是指在不适合萝卜生长发育的季节或地

区,利用各种设施,人为地创造适合的栽培环境以实现的萝卜生产。根据地区和环境条件的不同,可分为地膜覆盖春提早栽培、小拱棚覆盖春提早栽培、大棚春提早和秋延后栽培、日光或加温温室越冬栽培和利用遮阳、降温、防雨设施的越夏栽培。萝卜设施栽培模式,能量产投比较低,栽培管理较复杂,人工创造的栽培环境很难做到温度、光照、水分、肥力和空气等条件的和谐,使得萝卜产品在商品品质、营养品质、风味品质尤其是卫生品质方面表现差,商品性也差。其产品主要用于调节市场余缺,经济效益较好。

(3)间、混、套作萝卜栽培 间作是在同一地块上同一生长期,分行或分带相间种植萝卜和其他一种或几种作物的方式。混作是指在同一田地上,同期混合种植萝卜或其他一种或几种作物的方式。套作是指在前季作物生长后期,在株行间播种或移栽后季作物的方式。主要的栽培模式有:粮菜间套作、果菜间套作、菜菜间套作。生物学特征特性决定了萝卜可适应各种模式的间、混、套种植。合理的间、混、套作可以充分利用光照和土壤肥力,主副作作物生长发育的代谢产物互相促进,可抑制病虫害的发生。使萝卜产品在商品品质、营养品质、风味品质和卫生品质方面均表现优异,商品性较好。但这种萝卜栽培模式,需要对主副作作物的生长发育规律和相互关系以及病虫害发生的互动作用有确切了解,否则,可能会造成各种作物的商品性表现较差,降低经济效益。

5. 栽培环境与萝卜商品性的关系是什么?

蔬菜栽培环境包括空气、土壤、水源、光照等自然环境和栽培设施等人工环境。空气污染与否,土壤疏松程度、肥力状况、重金属残留情况,灌溉用水标准如何、地下水位高低,光照条件怎样,采用露地还是设施(连栋温室、日光温室、大棚、拱棚)栽培等种种情况,对萝卜的商品性的各要素如商品品质、营养品质、风味品质、加工品质和卫生品质均会造成影响。所以在萝卜的商品性生产中,要对栽培环境格外重视,尽可能多地选择和创造有利的各种环境要素,提高萝卜商品性。

6. 病虫害防治与萝卜商品性的关系是什么?

病虫害是萝卜优质、高产的主要威胁,特别是病害的威胁更为严重。萝卜的主要病害有病毒病、霜霉病、黑腐病、软腐病、黑斑病和白锈病等,萝卜的主要害虫有菜蚜、菜青虫、菜螟、黄曲条跳甲和小地老虎等。在不同年份、不同地区发生的病虫害种类及其危害程度有所不同。如在北京地区,病毒病是秋冬萝卜的主要病害之一,一般田块发病率在20%以上,有的田块甚至全部发病,对产量和品质造成巨大损失。萝卜病害的防治,目前以选择抗病品种和加强栽培管理、实行轮作等农业措施为主,生产上用药较少;害虫的防治,应贯彻"防重于治"和"以生物防治为主,药剂防治为辅"的原则。病虫害防治是萝卜商品性得以形成的技术保证。

7. 安全生产与萝卜商品性的关系是什么?

安全生产是指商品生产过程中选择高标准和无害化的生产技术模式,以保障产品安全和环境因素安全,实现可持续发展和环境保护目标。萝卜安全生产依采用标准的不同可分为无公害标准生产、绿色食品标准生产和有机食品标准生产。

(1)无公害标准萝卜生产 可限量使用化肥、农药、生长激素等。要求产品中农药、重金属、硝酸盐及有害生物(如病原菌、寄生虫卵)等有毒、有害物质的残留量在国家规定的限定值内。在这种标准条件下,萝卜产品的商品品质表现较好,风味品质、营养品质、安全品质和加工品质均表现中等,商品性较好。

(2)绿色食品标准萝卜生产 生产中严格执行环境质量标准、生产技术标准、产品质量和卫生标准、包装标准、贮藏和运输标准及其他相关标准。可限量使用化肥,可使用高效低毒低残留的新型农药。生产的萝卜产品商品品质好,风味品质、营养品质、安全品质和加工品质表现接近优异,商品性好。

(3)有机食品标准萝卜生产 完全不用人工合成的化学肥料、农药、激素、畜禽饲料添加剂及转基因品种,其核心是建立和恢复农业生态系统生物多样性的良性循环,采用作物轮作和各种物理、生物、生态措施来控制病虫草害。从常规农业向有机农业转化需要一个过程,转换期为3年。以这种标准生产的萝卜产品商品品质和加工品质好,风味品质、营养品质表现突出,尤其是卫生品质上佳,商品性表现优异。

8. 标准化生产与萝卜商品性的关系是什么?

萝卜标准化生产是指在萝卜生产中的产地环境、生产过程和产品质量符合国家和行业的相关标准,产品经质量监督检验机构检测合格、通过有关部门认证的过程。标准化生产强行规定了萝卜生产的环境条件标准、生产过程集约形成固定的程序,最终产品有权威部门科学的检测结果,可以最大限度地保证萝卜商品性的形成和质量。生产者只要选择适宜的萝卜品种,其他生产过程只需按标准化生产技术规程进行,即可达到萝卜商品性要求。无公害标准生产、绿色食品生产和有机食品生产从某种意义上讲都是标准化生产。

9. 如何综合各因素的影响在栽培技术上提高萝卜的商品性?

首先是品种选择。根据市场需求,选择丰产、优质、抗病虫、抗逆性强的优良地方品种或杂一代优种,适宜的良种是提高萝卜商品性最关键的因素之一。其次是根据栽培区域的气候特点和自然条件,将萝卜生长期安排在适宜生长的季节;根据萝卜生产的目的即产品供应的时间、用途及消费需求,选择经济实用的栽培模式,创造适宜的栽培环境。合理的栽培区域具有最适于优良萝卜品种基因表达的自然环境和人文条件，有利于降低运营成本，提升市场竞争力。再次是执行萝卜安全生产相关标准。病虫害防治以加强管理、实行轮作、生物防治为主。如此，可全面提升萝卜的商品品质、营养品质、风味品质、加工品质和卫生品质，提高萝卜的商品性和在国内外市场上的竞争力。

三、萝卜品种选择与萝卜商品性

1. 萝卜品种资源的主要分类方法有几种?

我国是世界上萝卜品种资源最丰富的国家。为了更好地利用这些资源,研究者从不同的角度进行了分类。与提高萝卜商品性栽培有关的分类方法主要有下列 3 种。

(1)按栽培季节分类 这种分类方法是依据播种期和采收期而冠名的,是萝卜栽培中的重要分类方法。可分为下面几种。

①春夏萝卜 春种春收和春种早夏收的一些冬性强、生育期短的品种,俗称春萝卜或水萝卜。

②夏秋萝卜 早夏种晚夏收或夏种秋收的萝卜品种,俗称夏萝卜。

③秋冬萝卜 立秋前后播种,秋末冬初采收。立秋前种通称早秋萝卜,一般俗称秋萝卜。

④冬春萝卜 秋末冬初播种,保护地或露地越冬,春季采收,俗称冬萝卜。

⑤四季萝卜 又称水萝卜、小萝卜。这类萝卜品种较耐寒,抽薹晚,生育期短,抗性强。若条件适宜可周年栽培生产。

(2)按植物学特征分类

①按肉质根形状 分为圆球形、扁圆形、长圆锥形、长圆柱形、短圆柱形、纺锤形等。

②按肉质根根皮颜色 分为绿皮、白皮、红皮、紫皮、黑皮等。

③按肉质根入土状态 分为露身型:肉质根 2/3 以上露出地面,俗称露八分;隐身型:肉质根全部在土中,俗称贼不偷;半隐身型:介于隐身型和露身型之间。

④按叶片形状 分为花叶、板叶、半花叶等类型。

⑤按叶丛生长状态 分为直立型、半直立型、平展型、塌地型等。

此外,其他很多形态特征,如叶片刺毛、叶脉色、叶形指数、根形指数、根肉色以及根尾形状等也是分类的重要依据。

(3)按萝卜用途特点分类

①熟食用种 此类品种类型十分丰富。各地食用习惯不同,对品种要求有差别。东北、西北、华北地区和江苏、安徽等地红皮和绿皮品种较多,华南地区以白皮萝卜为主。

②生食用种 一般要求品质脆嫩多汁、味甜,如心里美萝卜,是闻名中外的水果型萝卜。山东等地要求带点辣味,如潍县青萝卜。

③加工用种 用于制作各种加工品的原料,如萝卜干、酱萝卜头、萝卜丝等,要求组织致密、皮薄、干物质含量较高。

此外,还有专以叶部为食用器官的叶用萝卜和以芽苗为食用器官的萝卜芽苗菜。

2. 萝卜栽培季节安排的基本原理是什么?

根据萝卜生长发育期对温度的不同要求,按照当地的气候条件选择最适宜萝卜生长,尤其是适于肉质根膨大的时期种植萝卜,以期达到高产、优质的目的。萝卜为半耐寒性蔬菜,种子在 $2^{\circ}\!\text{C}\sim3^{\circ}\!\text{C}$ 时开始发芽,适温为 $20^{\circ}\!\text{C}\sim25^{\circ}\!\text{C}$,幼苗期能耐 $25^{\circ}\!\text{C}$ 左右的较高温度,也能耐 $-2^{\circ}\!\text{C}\sim-3^{\circ}\!\text{C}$ 的低温。这是安排种植季节的主要依据。萝卜叶丛(地上部)生长的温度范围比肉质根(地下部)生长的温度范围要广些,为 $5^{\circ}\!\text{C}\sim25^{\circ}\!\text{C}$,生长适温为 $15^{\circ}\!\text{C}\sim20^{\circ}\!\text{C}$;肉质根生长的温度范围为 $6^{\circ}\!\text{C}\sim20^{\circ}\!\text{C}$,适宜温度为 $18^{\circ}\!\text{C}\sim20^{\circ}\!\text{C}$。所以萝卜营养生长期的温度以由高到低为好。前期温度高,出苗快,形成繁茂的叶丛,为肉质根的生长奠定基础;此后温度逐渐降低,有利于光合产物的积累和贮存。当温度降低到6℃以下时,植株生长减缓,肉质根膨大已渐趋停止、即至采收期。当温度持续在-1℃以下时,肉质根就会受冻。不同类型的品种,能适应的温度范围有差异。根据这些规律,我们就可以按照市场的需要及其各品种的生物学特性,将不同类型的品种安置在不同季节和不同地区栽培,创造适宜的栽培条件,达到周年生产供应的目的。

3. 我国主要萝卜产区萝卜的栽培季节是怎样安排的?

我国幅员辽阔,南北温度变化梯度很大,常常是东北还是冰天雪地,海南已春暖花开,在这样辽阔的国土上都有萝卜栽培。就露地栽培而言,长江流域以南,几乎四季均可栽培;北方大部分地区可春、夏、秋三季种植;东北北部1年只能种1季;华南地区各季都可以栽培。近年来随着保护地栽培的发展,利用大棚、中棚、小拱棚和地膜覆盖,使大部分地区也可以实现周年栽培萝卜。在几个栽培季节中,秋冬萝卜为我国萝卜栽培的主要茬次,栽培面积大,适于栽培的品种多,产量高,品质优,供应期长。其他季节生产主要在于调节市场供应。

4. 萝卜品种选用应遵循哪些原则?

影响萝卜生产的两个最主要因素是良种和良法。良种是指优良品种,良法是指优良的栽培技术。萝卜生产除掌握先进的栽培技术外,优良品种是提高产量、品质的关键。一般来说,品种选用应遵循以下原则。

(1)**商品性好** 优良的萝卜品种,其产品应具备消费者所要求的优良商品性状,如外观、整齐度、色泽、风味和营养指标等。

(2)**丰产性好** 在一定的管理和栽培条件下,应比同类型的普通品种获得更高的产量,一般要求比普通品种增产10%以上。

(3)**抗逆性强** 优良萝卜品种必须比同类型普通品种具有更强的抗逆性,如春播要耐寒、耐抽薹,夏播要耐热、耐湿等,这是获得高产的基本保证。

(4)**抗病性强** 抗病性强是优良品种要具备的一个重要特征。在集约化栽培强度大、土地使用过度频繁、连作障碍严重的情况下,抗病性强的萝卜品种可以保证产量和品质的相对稳定。

任何一个优良品种都不可能尽善尽美,但对某一个品种来说,它的主要经济性状要突出。如春播的萝卜品种一定要耐寒、晚抽薹,加工用品种要求肉质根肉质致密、干物质含量较高,鲜食萝卜品种要有好的外观和风味等。

5. 春夏萝卜栽培季节的特点是什么?对商品性的要求有哪些?

春夏萝卜是指在早春或春末气温升高、土壤解冻后露地播种,在春末到夏初采收的萝卜。在这个栽培季节,温度是由低到高。前期地温和气温较低,极易满足萝卜的春化要求;后期温度较高、又是长日照,符合萝卜生殖生长对温度和光照的要求。一般生育期25～60天。这茬萝卜的生产对解决初夏蔬菜淡季供应有一定作用。长江流域的武汉、南京、上海、杭州等地多利用这一栽培季节,北方地区在这一季栽培也比较普遍。这个栽培季节前期气温偏低且气候不稳定、变化剧烈,常有寒流侵袭。因此,在品种选择上,要特别注意选用冬性强不易抽薹且前期较耐低温、生长期短、肉质根较小的速生品种。肉质根性状以圆柱形、短柱形、圆球形为主,皮色以白、红、淡绿色为主。要求肉质致密,口感脆嫩,生食无辣味或微辣。生长后期进入夏季,温度升高,要适时收获以免糠心。防止发生先期抽薹是春夏萝卜栽培的中心环节。

6. 春夏萝卜主要的栽培品种及其特征特性是什么?

(1)北京五缨萝卜　北京郊区农家品种。叶丛直立,板叶,深绿色,叶柄紫红色。肉质根圆锥形,长8厘米、横径3厘米,外皮红色或稍浅,肉白色、脆嫩,品质好。单根重30～40克。早熟、耐寒。生长期约50天,较抗病。每667平方米产量约2 000千克。适于华北地区早春露地或保护地间作栽培。

(2)天津娃娃脸　天津市郊区农家品种。叶丛半直立,板叶,绿色。肉质根呈圆锥形,长12厘米、横径4厘米,皮浅红色,肉白色。单根重约150克。肉质致密,脆嫩多汁,品质好,宜生食。早熟,耐寒,较抗病。生长期约50天。每667平方米产量约2 500千克。适于天津地区早春露地或保护地间作栽培。

(3)春红一号　山西省农业科学院蔬菜研究所育成的杂交品种。叶丛半直立,板叶,绿色。肉质根长圆柱形,根长13～15厘米、横径3～4厘米。单根重125克左右。皮色全红,肉质白色。表皮光滑美观,含水量适中,无辣味,稍有甜味,品质优良。播种至收获45～50天。冬性较强,不易抽薹,耐糠,可延迟5～7天收获。每667平方米产量约3 000千克。气候温和的地区,可排开播种,周年生产。

(4)丰美一代　山西省农业科学院蔬菜研究所培育的杂交品种。耐寒,冬性强,不易抽薹,经济性状优良,商品性好。叶丛半直立,羽状裂叶,绿色。株高30～40厘米。肉质根圆柱形或近柱形,根长30厘米左右、粗8～10厘米。单根重1～1.5千克。出土部分黄绿色,入土部分白色。肉质白色,含水量较多,肉质细密,脆嫩,生食适口性好,微辣或无辣味。生育期70天左右,早春露地栽培不易抽薹。每667平方米产量4 000千克左右。适于山西省及邻近地区种植。

(5)天正春玉一号　山东省农业科学院蔬菜研究所育成的杂

种一代。为保护地栽培专用品种。叶丛直立,叶色深绿。肉质根长圆柱形,顶部钝圆,根长 30 厘米左右、横径约 6.5 厘米。皮色全白,单根重 800 克左右,根叶比达 3.5。冬性极强,抽薹晚,生长期60 天左右,前期生长速度快,可根据市场需要适当提前或延迟收获。高产抗病,商品性好。早春种植每 667 平方米产量 4 000 千克左右。可生、熟食。是早春堵淡的优良品种。

(6)上海 40 日长白萝卜 肉质根圆柱形,皮肉均白色。春播不易抽薹,早熟、耐热。在上海 3 月下旬播种,5 月上旬收获。秋季 8 月下旬播种,10 月上旬采收。生育期 40 天左右。每 667 平方米产量 750~1 250 千克。

(7)泡里红萝卜 南京郊区农家品种。肉质根为长圆锥形,长10~13 厘米、横径约 5 厘米。单根重 125~250 克。根部 1/3 露出地面。皮为鲜红色,肉白色,汁多味甜,宜生食或煮食。板叶。在南京 3 月间播种的,4 月下旬至 5 月上旬收获,生长期 40~55天;7 月上旬播种的,则播后 35 天可采收。每 667 平方米产量1 000~1 250 千克。

(8)雪单一号 湖北省蔬菜科学研究所培育的杂交品种。早熟,耐抽薹。在长江流域 3 月中旬以后或高山菜区 5 月中旬以后播种不易发生先期抽薹。裂叶,叶丛半直立,叶色深绿,长 25~30厘米、横径 8~10 厘米。品质优,脆嫩多汁。肉质根皮色光滑洁白。辣味轻,不易糠心。每 667 平方米产量 4 000 千克左右。商品生育期 60 天左右。

(9)春雪 武汉市蔬菜科学研究所培育的杂交品种。生长势强,适应性广,耐抽薹,适宜早春保护地和夏季高山栽培。叶丛较平展,叶数中等。肉质根根长 30~35 厘米、横径 7~8 厘米。单根重 1~1.5 千克。皮白光滑,肉质细嫩,口感好,不易糠心。生育期60~65 天。

(10)青研萝卜 2 号 青岛市农业科学研究所育成的杂交品

种。叶丛半直立,羽状裂叶,叶绿色。肉质根长圆锥形,地上部绿色略偏黄,地下部白色,地上部约占 2/3。4 月中下旬播种,60 天左右收获。根长 30 厘米左右,根粗 7 厘米左右。肉色浅绿,肉质略软、较甜、微辣,水分较多,品质较好。

(11)黑龙江五缨水萝卜 黑龙江省青冈县农家品种。主要分布在本省东部地区。叶丛直立,板叶,叶片长约 28 厘米、宽约 8.3 厘米,叶柄红色。肉质根圆柱形,长约 10 厘米、横径约 3.5 厘米,皮粉红色,肉为白色。单根重约 60 克。中早熟品种。耐寒性强,耐贮性中等,耐旱、耐热性较弱。生长期 50 天左右。味微辣,口感脆嫩,水分中等,适于鲜食。在哈尔滨地区 4 月中下旬播种,露地直播,株距 10 厘米,行距 15 厘米,6 月上中旬收获。每 667 平方米产量 1 530 千克左右。

(12)长春粉白水萝卜(粉水萝卜) 吉林省长春地区农家品种。叶丛直立,板叶,叶缘浅锯齿状,绿色,叶柄红绿色。肉质根长约 12 厘米、横径 3~4 厘米,长圆柱形,地上部根皮粉红色,地下部浅粉色,肉白色。单根重 100~120 克。适合春季栽培,中熟,从播种至收获 60 天左右。耐寒性强,抗霜霉病。肉质致密,微甜、脆嫩,水分多,品质好。吉林省长春地区 4 月中旬播种,6 月上旬收获。每 667 平方米产量 800~1 330 千克。

(13)大连小五缨 辽宁省大连市农家品种。叶丛半直立,开展度 20 厘米左右。株高约 20 厘米。板叶,全缘。叶片绿色,叶柄紫红色。肉质根短圆锥形,长 15 厘米、横径约 4 厘米,外皮粉红色,顶部紫红色,肉白色。单根重约 65 克。适合春季栽培,早熟,从播种至收获 45~50 天。耐贮性弱,抗病性中等。口感脆嫩,水分较多,风味淡,品质较好,适于生、熟食。大连地区一般 3 月中下旬播种,5 月上中旬收获。每 667 平方米产量约 1 500 千克。

(14)呼市稍白尖 内蒙古自治区农家品种。叶丛半直立,板叶,叶缘波状。叶深绿色,叶柄紫红色。肉质根长圆锥形,长 10~

14 厘米、横径 3.4～4.2 厘米。地上部皮粉红色,地下部皮白色,肉白色。单根重 75～80 克。早熟,从播种至收获 45～50 天。较耐寒、耐涝。肉质疏松,水分中等,甜带微辣,口感脆嫩,品质较好,适于生食。呼和浩特地区 4 月下旬播种,6 月中旬收获。每 667 平方米产量约 1 350 千克。

(15)银川红棒子水萝卜　宁夏回族自治区银川市农家品种。叶丛直立,板叶,叶缘浅裂,叶绿色,叶柄紫红色。肉质根长圆柱形,根长 17～18 厘米、横径 2.6～3.1 厘米,全部入土。皮紫红色,肉质白色。单根重 50～55 克。早熟,播种至收获 55～60 天。适于早春大棚蒲苫覆盖栽培和露地栽培。

(16)甘肃水萝卜　农家品种。甘肃省大部分地区均有栽培,是早春最早供应市场的萝卜品种。叶丛半直立,板叶,浅绿色,主叶脉浅绿色。肉质根小,扁圆形,一般纵径约 2.5 厘米、横径约 3.8 厘米,全部入土,皮、肉均白色。单根重 18～20 克。早熟,生长期 50 天左右。适应性强,抗寒,耐旱力弱。肉质松脆,水分多,味淡不辣,品质中等,适于生、熟食,易糠心。生长期间应保持土壤湿润,及时采收。每 667 平方米产量 2 000 千克左右。

(17)西宁洋红萝卜　青海省西宁市农家品种。叶丛半直立,叶有板叶和花叶两种。肉质根长圆柱形,长约 17 厘米、横径约 3.9 厘米,约 1/7 露出地面,皮薄、鲜红色,肉白色。单根重约 173 克。晚熟,生长期 100 天左右,耐寒力较弱。可溶性固形物含量 6％。肉细嫩、质脆,味甜,水分多,品质上等,以熟食为主。3 月下旬至 4 月上中旬播种,条播或撒播,6 月中下旬至 7 月上中旬收获。每 667 平方米产量 2 000 千克左右。

(18)乌市板叶半春子　新疆维吾尔自治区乌鲁木齐市农家品种。叶丛较直立,板叶,绿色,叶柄红色。肉质根长圆锥形,长 15～19 厘米、横径 4.5 厘米,全部入土,皮深红色,肉白色。单根重 140～180 克。早熟,播种至收获 45～50 天。耐寒,不耐旱,抗病性较强,不耐贮藏。肉质细嫩,味甜稍有辣味,水分较多,品质较好,生、熟食均可。春季栽培,4月上旬垄畦条播,行距20～25厘米、株距15厘米,5月下旬开始收获。每667平方米产量1600千克左右。

(19)宝鸡野鸡红热萝卜 陕西省宝鸡市农家品种,是陕西关中地区主要春萝卜品种。叶丛半直立,板叶,裂刻浅,叶色深绿,叶柄红色。肉质根圆柱形或圆锥形,长15～20厘米、横径3～4厘米,1/4露出地面,皮大红色,肉白色。单根重150～250克。春、秋季均可种植,中熟,从播种至收获60天左右。耐热性强,耐贮性中等。肉质致密,味甜,口感脆嫩,品质好,生、熟食均可。陕西宝鸡地区3月上旬至下旬垄播,垄距60～70厘米,每垄2行,株距13～16厘米,5月上旬至下旬分次采收。每667平方米产量1500～2000千克。

(20)成都小缨子枇杷缨 四川省成都市农家品种。叶丛直立,叶长倒卵圆形,似枇杷叶,叶长15～17厘米、宽6厘米,叶面深绿色,叶柄及中肋紫红色,茸毛极多,叶缘有浅缺刻。肉质根长圆柱形,长22～24厘米、横径2.5厘米左右,皮深红色,肉白色。早熟,从播种至采收约50天。耐热,抗病,春播不易抽薹。质地紧密、细嫩,味甜,无辣味,主要供腌渍用。周年均可播种,但以3月下旬播种、5月中旬收获和7月初播种、8月中旬收获最好,是春、夏季栽培最多的品种。适宜砂壤土栽培,定苗时株距13厘米、行距15厘米,每667平方米产量1000～1500千克。

(21)沪优2号白萝卜 四川省农业科学院水稻高粱研究所育成。叶丛直立,花叶,叶表面有蜡质和茸毛,叶色深绿。肉质根圆球形,纵径约8.8厘米、横径约7.6厘米。单根重0.5～0.8千克,最大可达1.5千克。水分含量中等,生食甜脆多汁,微辣。早熟,适于春播或秋播,播种至收获约60天。一般每667平方米产量1500～2250千克。

（22）**沪优4号红萝卜**　四川省农业科学院水稻高粱研究所育成。叶丛直立，花叶，叶色淡绿，叶柄红色。肉质根短圆柱形，上部略细，根长约10厘米、横径约4.6厘米。单根重0.3千克左右。肉白色，皮深红色，皮薄。质地致密、细嫩，稍有辣味，品质佳。中熟，不易糠心，较抗霜霉病及病毒病。适于四川、重庆等地秋、春季种植，秋季为9月上旬播种，春季1月下旬播种。从播种至收获70天左右。一般每667平方米产量1 600～2 000千克。

（23）**大棚大根**　由韩国引进，属春季晚抽薹品种。花叶，叶色深绿。肉质根长26～34厘米、横径6～6.5厘米。单根重1～1.3千克。肉质根皮白色，肉白色，根肩部有淡色绿晕。早春70～75天收获。肉质致密，味甜，不易糠心，适于生食、制干、腌渍加工等。为多用途品种。适于春季保护地或露地栽培。

（24）**早春大根**　由韩国引进，属春季晚抽薹品种。根部呈白色，直而美观，圆柱形，根长40～45厘米、横径6～7厘米。单根重1千克左右。根部生长快，须根少，弯曲根少。播种后约60天可收获，为高产品种。肉质致密，味甜，不易糠心，适于生食、制干、做汤菜、腌渍加工等，为多用途品种。抗病毒病及较抗其他病害。适于春季保护地或露地栽培。

（25）**长春大根**　由韩国引进，属春季晚抽薹杂种一代。叶色深绿，叶数少，叶丛直立。肉质根皮洁白光滑，长圆柱形，根长32～35厘米、横径7.5～8厘米，单根重0.9～1.1千克。肉质根膨大快，产量高，每667平方米产量可达3 000～3 600千克。适宜生食、制干、做汤、腌渍加工等。适于春季保护地或露地栽培。

（26）**早春美浓**　由韩国引进，属春季晚抽薹杂种一代。叶丛直立，叶色深绿。肉质根皮洁白光滑，长圆柱形，根长45～60厘米、横径6.5～7厘米。单根重1～2千克。抗病。适于生食、制干、做汤、腌渍加工等。适于春季保护地或露地栽培。

（27）**白玉春**　韩国品种。植株叶丛直立，深绿色，叶上有刺毛,呈羽状深裂。肉质根长圆柱形,长 28～30 厘米、横径 8～9 厘米。单根重一般为 1～1.2 千克。表面光滑,根毛少。皮肉均白色,肉细质脆,汁多味甜,口感好,不易糠心。生长期 55～60 天。生长速度快,适于早春露地和保护地种植。

7. 夏秋萝卜栽培季节的特点是什么? 对商品性的要求有哪些?

夏秋萝卜可分为夏季播种秋季采收和初夏播种夏末采收两种,生育期在 50～80 天。我国的大部分地区可选择这一栽培季节。这一栽培季节的特点是萝卜生长期内,尤其是发芽期和幼苗期正处炎热的季节,不利于肉质根的生长,也是病虫害多发季节。生长前期高温干旱,极易引起萝卜病毒病流行。如遇高温多雨天气,会诱发软腐病发生。所以这个栽培季节种植的萝卜产量不是很高且商品性较差(生食有辣味和苦味)。这茬萝卜的生产主要是用于调节市场供应,要求选用耐热,耐涝,抗病性强,生长速度较快的早、中熟品种为宜。这些品种在夏季高温条件下能正常生长。高温下呼吸作用虽很强,但仍有较丰富的光合产物分配到根部被累积而形成肥大的肉质根。肉质根形状以圆柱形、圆球形为主,白皮,肉质细密、含水量多,适口性好。夏秋萝卜的收获期不十分严格,肉质根长成后即可根据市场需求及时收获。

8. 夏秋萝卜主要的品种及其特征特性是什么?

(1)**短叶 13 早萝卜** 叶丛直立,叶短小而疏,深绿色,无茸毛。肉质根长圆柱形,皮肉雪白,皮薄,质脆嫩,纤维少,品质好。早熟,高产,耐热、耐湿,适应性广,抗病力强。播种后 45～50 天收获。单根重 0.5～1 千克,每 667 平方米产量 2 000～3 000 千克。安徽、江苏北部地区可于 5 月上旬至 8 月上中旬播种。

(2)**南农伏抗萝卜** 南京农业大学育成。叶丛直立,花叶,深裂,叶片深绿色,叶柄红色,半圆形。肉质根圆柱形,长约 14 厘米、横径约 6.3 厘米,2/5 出土。皮红色,肉白色。单根重约 350 克。为伏萝卜,从播种至收获 60～65 天。耐高温,抗病毒病。宜熟食。江苏北部地区于 7 月中旬播种,9 月中下旬收获。

(3)夏抗 40 天 武汉市蔬菜科学研究所育成的杂种一代。板叶,主脉淡绿色。株高 40 厘米,开展度 58 厘米。肉质根长圆柱形,长 20～25 厘米、横径 5～7 厘米,出土部分 10～13 厘米。皮白色,肉白色,品质好。7 月中旬播种,40 天上市的,每 667 平方米产量约 1 500 千克;45 天上市的,每 667 平方米产量约 2 250 千克;50 天上市的,每 667 平方米产量约 3 000 千克。较耐病毒病,适应性广。

(4)长沙枇杷叶早萝卜 湖南长沙农家品种。叶绿色,长倒卵形,似枇杷叶,刺毛较多,叶丛半直立。肉质根长圆柱形或长卵圆形,头部较小,尾部较大,长约 13 厘米、横径约 6 厘米。肉质根皮肉均为白色。单根重 120～150 克。生长期 50～60 天,在 7～8 月份高温下能正常生长。对土壤要求不严格,但对黑腐病抗性较弱。根形整齐,大小适中,品质好。在长沙,一般从 7 月下旬至 8 月上旬播种较宜。每 667 平方米产量 1 000～1 500 千克。

(5)上海本地早萝卜 肉质根长圆锥形,长约 40 厘米、横径约 5 厘米,1/4 露于地面,皮肉白色,顶端无细颈。生育期约 40 天,故又名"四十日"。耐热性强。7 月下旬播种,8 月下旬始收,9 月下旬盛收,10 月上旬收完。每 667 平方米产量 2 000 千克左右。

(6)中秋红萝卜 南京农学院育成的耐热品种。叶丛直立,花叶,叶柄淡红色。肉质根圆柱形,根长约 20 厘米、横径约 8 厘米,皮呈鲜红色,肉为白色。肉质根的可溶性固形物含量 4.5% 左右,干物质含量 8%～9%。味微甜,不易糠心,商品性好。该品种耐热,抗病毒病,夏季生长良好,生长期 70～75 天。单根重 250 克左右。每 667 平方米产量 3 000～3 500 千克。适于夏秋和秋冬栽培。

(7)**蜡烛趸萝卜** 广州市农家品种。叶丛较直立,板叶,绿色,叶面光滑。肉质根短圆柱形,长约14厘米、横径约5厘米。早熟性好,生长期50~60天。耐热能力强,较耐湿。肉质根皮肉皆白色,肉质致密,味辣,宜熟食。一般5~7月份播种,7~9月份采收。每667平方米产量1000~1300千克。

(8)**沙县畔溪萝卜** 福建省沙县畔溪农家品种。叶丛直立,花叶,深裂,绿色。肉质根圆柱形,长21厘米、横径6厘米,成熟时露出地面5~8厘米。地上部皮浅绿色,地下部白色,肉白色。单根重0.4~0.5千克。早熟,播种至收获约60天。耐热、耐寒性中等,耐涝性弱,不耐贮藏。肉质疏松,水分含量多,味甜脆嫩,品质好,宜熟食或腌渍用。福建沙县地区8月下旬至9月中旬播种,10月下旬至12月份采收。一般每667平方米产量1000~1500千克。

(9)**白沙短叶13号早萝卜** 汕头市白沙蔬菜原种研究所育成的新品种。叶丛半直立,叶片倒卵形,叶色深绿,无茸毛。肉质根长圆柱形,长28~34厘米、横径4~6.5厘米,皮肉皆白色,表皮平滑根痕少。单根重0.6~1千克。品质好,肉质致密多汁,味甜。早熟,耐高温高湿能力强,较抗霜霉病及病毒病,适合于微酸至中性的沙质土或砂壤土上种植。在月平均气温28℃时仍能正常生长。华南地区适播期为6~9月份。播种至采收40~50天。夏播每667平方米产量1200~1500千克,秋播每667平方米产量2500~3000千克,高产的可达5000千克。

(10)**宜夏萝卜** 福建省福州市蔬菜研究所选育的品种。叶丛直立,板叶,无裂刻,叶面光滑,绿色,叶柄浅绿色。肉质根长纺锤形,长10~15厘米、横径5~7厘米,成熟时露出地面3~5厘米。皮和肉白色。单根重约0.2千克。极早熟,播种至收获约45天。适应性强,耐热,耐涝性中等,不耐寒。肉质根松脆,味辣,水分含量多,品质好,宜熟食。福州地区 6 月中旬至 7 月中旬播种,8 月上旬至 9 月上旬采收。一般每 667 平方米产量 1 000 千克左右。

(11)东方惠美 叶丛直立,板叶,叶绿色,茸毛少。肉质根长圆柱形,长 30～35 厘米、横径 5.5～6.5 厘米。单根重 0.6～1.2 千克。须根极少,入土部分占 3/5。表皮光滑,通体乳白色,肩部圆而小。根肉洁白,耐热,抗病,优质,商品性佳。播后 40～45 天即可以收获,每 667 平方米产量 3 000 千克以上。

(12)万萝 1 号 重庆三峡农业科学研究所选育的杂种一代。叶丛半直立,板叶型,叶色深绿。肉质根近圆形,根形指数 1,皮、肉皆白色。单根重 1 千克以上。不易糠心裂口。生食脆嫩,无辛辣味和苦味,熟食味甜、无渣。耐热,在炎热的气候条件下几乎不发生病毒病,肉质根能正常膨大。海拔 600 米以下的地区,7 月下旬至 8 月上旬播种,60～65 天采收;海拔 600～900 米的地区,7 月上中旬播种,50～55 天采收。每 667 平方米产量 2 500 千克左右,高产的可达 5 000 千克以上。

(13)丰玉一代 山西省农业科学院蔬菜研究所培育的杂交品种。早熟,耐热,品质优良,商品性好。叶丛半直立,花叶,绿色。肉质根圆柱形,根长 25～30 厘米、横径 8～10 厘米,约 1/3 露出地面。单根重 1～1.5 千克。皮色全白,表皮光滑。肉质细密,含水量适中,生食脆嫩,无辣味。适宜熟食,也可用于生食和加工。生育期 70～75 天。每 667 平方米产量 4 000～5 000 千克。播种后 60 天单根重 0.5～0.75 千克,可陆续上市。

9. 秋冬萝卜栽培季节的特点是什么？对商品性的要求有哪些？

秋冬萝卜栽培是秋季播种,初冬收获,是我国萝卜的主要栽培季节,生育期 60～100 天。这一栽培季节的特点是前期温度较高,后期温度较低,且后期昼夜温差大,符合萝卜营养生长的温度和光照条件,也有利于萝卜肉质根膨大和营养物质的积累。随着中后期温度降低,病虫害也较轻,所以秋冬萝卜产量高,品质佳。在秋季蔬菜生产中,面积仅次于大白菜,是重要的冬贮蔬菜。

秋冬萝卜品种很丰富,选用良种是秋冬萝卜增产增收的关键,品种的优劣直接影响萝卜的商品性。如果品种不纯、种子混杂或引种不当,或者没有根据品种特性采取适当的栽培技术措施,萝卜的产量不会高、品质也不会好。选择品种,首先要结合当地的气候情况和播种地块的土壤条件,同时还要注重市场对品种的需求。如播种地块的土层深厚而又疏松,可以选用肉质根入土较深的品种;如果土层较浅而且土质黏重,就应选择肉质根入土较浅的品种。其次还要充分考虑栽培的目的。如果是为了提早供应秋淡季市场,就要选择耐热、早熟的品种,而且要适期早播;如果是用于贮藏,就要选择抗病、丰产、耐贮藏的品种;如果是用于腌渍、加工萝卜丝、酱萝卜等,就要选择肉质坚实、水分含量少的加工萝卜品种。

10. 秋冬萝卜主要的品种及其特征特性是什么?

(1)**鲁萝卜1号** 山东省农业科学院蔬菜研究所选育的杂种一代。叶丛较小,半直立,羽状裂叶,叶深绿色。肉质根圆柱形、入土部分很少,皮深绿色,略具白锈,肉翠绿色,质地紧实,辣味稍重。生长期75～80天。单根重500～700克。每667平方米产量4000千克以上。极耐贮藏,沟窖埋藏,到翌年4～5月份不糠心。属生食、菜用兼用品种。适宜北方地区秋季种植。

(2)**鲁萝卜4号** 山东省农业科学院蔬菜研究所育成的杂种一代。叶丛半直立,羽状裂叶,叶色深绿。肉质根圆柱形,入土部分较少,皮深绿色,肉翠绿色,肉质致密,生食脆甜多汁。单根重500克以上,根叶比为4左右。微辣,风味好。生长期80天左右。每667平方米产量在4000千克左右。较抗霜霉病和病毒病。耐贮藏。可作为秋季栽培的绿皮水果萝卜品种,在喜食绿皮绿肉类型的地区推广应用。

(3)丰光一代 山西省农业科学院蔬菜研究所育成的杂种一代。叶丛半直立,花叶,叶绿色。肉质根长圆柱形,长 38～42 厘米、横径约 9 厘米,约 1/2 露出地面,表面光滑,出土部分皮绿色,入土部分白色,肉质白色,单根重平均 2 千克。中晚熟,生长期85～90 天。耐热,抗病毒病。一般每 667 平方米产量 5 000 千克左右。肉质致密脆嫩,味稍甜,含水量略多,品质良好,宜生、熟食和腌渍用。除山西省外,河北、山东、河南、甘肃及云南等省均有栽培。

(4)丰翘一代 山西省农业科学院蔬菜研究所育成的杂种一代。叶丛半直立,花叶,叶绿色。肉质根圆柱形,长 28～30 厘米、横径约 10 厘米,约 1/2 露出地面,表面光滑,出土部分皮深绿色,入土部分白色,肉质浅绿色。单根重平均 1.7 千克。生长期 85 天左右。耐热,抗病。一般每 667 平方米产量 4 000～5 000 千克。肉质致密脆嫩,无辣味,味稍甜,含水量适中,品质好,宜生、熟食和腌渍用。耐贮藏。适于山西、河北、山东、河南等地栽培。

(5)豫萝卜一号(原名 791) 河南省郑州市蔬菜研究所育成的杂种一代。叶丛较开展,花叶,叶色深绿。肉质根粗圆锥形,单根重平均 1.7 千克。皮色翠绿,表皮光滑。根毛少,约 4/5 露出地面。肉质脆而多汁,辣味很淡。贮藏后不易变色、糠心,生、熟食皆宜。生长期 85 天左右。抗病毒病。一般每 667 平方米产量 5 000千克左右。适于在河南省郑州、许昌等地栽培。

(6)平丰 4 号 河南省平顶山市农业科学研究所育成的杂种一代。叶丛直立,花叶,叶亮绿色,叶面平滑。肉质根呈圆柱形或长纺锤形,表皮青绿色,无根毛,长约 30 厘米、横径 10～12 厘米,青头占 2/3 以上。单根重 1.5～2 千克。生长期平均 85 天,抗病。每 667 平方米产量 6 000～7 000 千克。肉质绿色,生食脆甜,品质较好,宜生、熟食。耐贮。适于黄河流域的广大地区栽培。

(7)**石家庄白萝卜** 叶丛直立,有板叶和花叶两种类型,叶色深绿,叶柄及叶脉浅绿色。肉质根长圆柱形,长 40～50 厘米、横径 7～9 厘米。单根重约 1.5 千克。肉质根 2/3 露出地面,表面光滑,白皮,肉质细嫩洁白,微甜稍辣,汁多,不易糠心,适于熟食或腌制。生长期 90 天左右。每 667 平方米产量 4 000～5 000 千克。抗病,耐贮藏。适于我国北方地区种植。

(8)**鲁萝卜 8 号** 山东省莱阳市华绿种苗场育成。叶丛直立,叶片较细小,羽状裂叶,叶色深绿,叶面平滑。肉质根长圆柱形,顶部钝圆,长 50～60 厘米、横径 8～10 厘米,白皮白肉,肉质脆,纤维少。冬性强,抽薹晚,适应范围广,春、夏、秋季均可播种。不易糠心,可生、熟食或加工腌渍用。秋播生长期约 85 天,单根重可达 1.3 千克左右,每 667 平方米产量 7 000 千克左右。

(9)**邯试 1 号** 河北省邯郸地区农业科学研究所育成。叶丛半直立,有花叶和板叶两种,叶色深绿,叶柄浅绿色。肉质根圆柱形,长约 32 厘米、横径约 12 厘米,皮、肉均为白色,肉质致密,味微甜,口感脆嫩,水分较多,品质较好,适于熟食、干制和腌制。单根重平均 1 千克。生长期 85～90 天。每 667 平方米产量 4 000 千克左右。耐旱、耐寒、耐贮,较抗病。主要适于冀中南地区栽培。

(10)**农大红** 北京农业大学园艺系育成。叶丛半直立,叶片绿色,全裂,叶柄红色。肉质根近圆形或椭圆形,皮红色,根头部较大,肉质根长 15～24 厘米、横径 14～15 厘米。一般单根重 1.5 千克左右。生长期 85～90 天。根肉白色,肉质致密,味稍甜,宜熟食。一般每 667 平方米产量 4 500 千克左右。抗病,丰产,耐贮藏,需肥水较多,不适于在贫瘠及旱地上栽培。适于在北京郊区栽培。

(11)**京红 1 号** 北京市农林科学院蔬菜研究中心育成的杂种一代。叶丛直立,叶片深绿色,近板叶型,叶面光滑,叶片及叶脉浅紫色。肉质根椭圆形,有 2/3 露出地面,皮细、红色,长 13 厘米、横径 12 厘米。单根重平均 1.1 千克。生长期 75～80 天。肉白色，致密，含水分少，宜熟食。每 667 平方米产量 4 500 千克左右。抗病，宜密植，耐贮藏。适于在北京地区栽培。

(12)徐州大红袍 江苏省优良地方品种。叶丛半直立，花叶，叶片深绿色。肉质根卵圆形，长约 16 厘米、横径 8～9 厘米，1/3 出土，皮鲜红色，肉白色。单根重 500 克左右。晚熟，从播种至收获 80～90 天。耐热，抗病毒病。质地致密，耐贮，宜熟食。适于江苏、安徽地区 8 月上中旬直播。

(13)系马桩萝卜 湖北省农家品种。肉质根长圆柱形，长 30～50 厘米，大部分露于土面，故称"系马桩"。肉质根皮色出土部分为绿白色，入土部分微带淡紫的白色，肉白色。叶绿色，叶柄近圆形。肉质根含水分较少，宜腌渍加工。单根重 500～1 000 克，大者 2 500～3 000 克。湖北地区 8 月下旬至 9 月上旬播种，11 月下旬收获；四川地区 9 月下旬播种，12 月下旬收获。生长期 100 天左右。每 667 平方米产量 4 000～5 000 千克。

(14)浙大长萝卜 浙江农学院(现浙江大学)选育的品种。肉质根长圆柱形，尾端钝尖。根长 43～67 厘米，1/2 露出地面，横径 6～8 厘米。单根重 1 750～2 000 克，最大的可达 10 千克。皮白色、光滑，侧根少。肉白色，皮质松脆，水分中等，辣味少，微甜，适于生食、煮食或加工腌渍、干制。叶丛直立，适于密植。叶重为根重的 1/4～1/3。抗病毒病。杭州 8 月下旬至 9 月上旬播种，11 月初至 11 月底收获。生育期 70～80 天。可延迟播种，每 667 平方米产量 5 000 千克以上。

(15)沙高萝卜 江苏省南京市农家品种。肉质根长圆柱形，稍弯曲，长 13～20 厘米，有 1/3～1/2 露出地面，横径约 6 厘米。肉质根全部为鲜艳的深红色，侧根为水红色。肉白色，质致密，汁多味甜，宜煮食，较耐贮藏。单根重 250～500 克。叶丛直立，叶片深绿色，主脉紫红色。8 月份播种，10～12 月份收获。生长期为

60～90 天。每 667 平方米产量 2 000～3 000 千克。

(16)热杂 4 号萝卜 华中农业大学育成的杂种一代。生长势强，生长快，耐热，抗逆性好，生育期 50～60 天。叶丛半直立，叶片浅裂、绿色、较宽大。肉质根圆柱形，长 24～28 厘米、横径 6 厘米左右，约 1/3 露出地面，表皮光洁，皮、肉均为白色。单根重 300～400 克，一般每 667 平方米产量 2 000～3 000 千克。

(17)武青 1 号 武汉市蔬菜研究所育成。花叶，叶片绿色，主脉淡绿色。肉质根圆柱形，长约 28 厘米、横径 8～9 厘米，出土部分 4 厘米，肩翠绿色，入土部分白色。品质好，熟食腌制兼用。抗逆性强，较耐病毒病。每 667 平方米产量 3 000～4 000 千克。

(18)武杂 3 号 武汉市蔬菜研究所育成的杂种一代。花叶，叶片绿色。肉质根长圆柱形，长 25 厘米左右、横径 9 厘米左右，出土部分 12～13 厘米，肩淡黄绿色，入土部分白色，根形美观，品质好。生长快，产量高，抗性强。每 667 平方米产量 5 000 千克以上。

(19)王兆红大萝卜 哈尔滨市农家品种。黑龙江省主栽，在内蒙古、吉林也有较大种植面积。叶丛平展，花叶，深裂，叶绿色，叶柄紫红色。肉质根近圆形，纵长 10～15 厘米、横径 10～15 厘米，根地上部与地下部均为红色，肉白色。单根重 1～2 千克，最大单根重 4 千克。夏秋季生长，中晚熟，从播种至收获为 85～90 天，耐寒性、耐热性强，耐旱性中等，耐贮性强，抗病毒病能力强。肉质致密，味稍甜，水分中等，品质好，适于熟食、干制。哈尔滨地区一般 7 月上中旬播种，10 月上中旬收获。每 667 平方米产量 2 700～3 300 千克。

(20)丹东青 辽宁省丹东地区农家品种。叶丛半平展，花叶型，叶片深绿色，叶柄浅绿色。肉质根长圆锥形，长 25～30 厘米、横径 9～11 厘米。地上部皮色为绿色，地下部为白色。肉浅绿色。单根重 1～1.6 千克。适宜秋季栽培，晚熟，从播种至收获需 90～

95 天。较抗病毒病,耐贮性较强。肉质根微辣,含水多,口感脆嫩,适宜生、熟食及腌制。辽宁省各地播种期 7 月中旬,多采用垄作,10 月上中旬开始收获。每 667 平方米产量约 5 000 千克。

(21)红丰萝卜 板叶型,叶丛半直立,叶色深绿,叶脉鲜红色。肉质根圆形,表皮光滑,茎盘小,须根少,皮红色,肉白色。单根重平均 300 克。属中晚熟品种。辽宁地区生长期 80～90 天。抗病毒病、霜霉病能力强。每 667 平方米产量约 2 000 千克。

(22)乌市青头萝卜 新疆维吾尔自治区农家品种。叶丛半直立,花叶,深裂。叶色深绿,叶柄浅绿色。肉质根圆柱形,长约 20厘米、横径约 8 厘米,皮色青绿,地下部皮白色,根肉上部浅绿色,下部白色。单根重约 800 克。中晚熟,从播种至收获 85 天左右。较耐寒,抗病,较耐贮藏。肉质致密,质脆,微甜稍辣,水分中等,品质较好,宜熟食。7 月中下旬播种,垄播为主,行距 30～35 厘米、株距 20～25 厘米,10 月中旬开始收获。每 667 平方米产量约5 000 千克。

(23)银川大青皮萝卜 宁夏回族自治区农家品种。目前仍是当地的主要栽培品种。叶丛较直立,花叶,叶缘深裂,叶绿色,叶柄浅绿色。肉质根圆柱形,长 15～17 厘米、横径 11～12 厘米,1/5入土,地上部绿色,地下部浅绿色,肉色浅绿。单根重 2～3 千克。中晚熟,从播种至收获 90～100 天。耐寒,抗病,耐贮藏。味辣,含水分多,品质中上等,生食、熟食或加工均可。银川地区 7 月中旬起垄点播,或在茄子、辣椒垄背上套种,行距 60 厘米,株距 26 厘米,10 月下旬收获。每 667 平方米产量 2 500～3 000 千克。

(24)张掖牛角萝卜 甘肃省张掖地区农家品种。叶丛平展,花叶,深绿色,主叶脉浅绿色。肉质根长圆柱形,一般长约 40 厘米、横径 12 厘米左右,4/5 入土,出土部分皮浅绿色或微紫色,入土部分白色,肉白色,单根重 2～2.5 千克。晚熟,生长期约 120天。耐寒,不耐旱。较甜稍辣,宜熟食及腌渍。耐贮性强。甘肃张掖地区采用高垄栽培,4~6月份点播,播双行,垄距70厘米、株距23厘米,9月份至10月下旬收获。每667平方米产量2 000~3 000千克。

(25)青辐2号 青海省农业科学院自育品种。叶丛半直立,花叶型,叶长倒卵圆形,绿色,主叶脉浅绿色。肉质根长圆柱形,长约32厘米、横径约7.9厘米,1/2入土,出土部分皮绿色,入土部分白色,肉绿白色,单根重约1.25千克。中熟,生长期90天左右。肉质细脆,味甜。每667平方米产量4 000千克左右。

(26)福州芙蓉萝卜 福建省福州市郊区农家品种。叶丛半直立,花叶,深裂刻,叶绿色,叶柄浅绿色有细茸毛。肉质根长卵圆形,长约20厘米、横径约8厘米。成熟时露出地面6.5~10厘米,地上部皮紫红色,地下部皮白色。肉白色,单根重0.25~0.4千克。中晚熟,从播种至收获100~120天。耐热、耐寒,耐旱性中等,耐贮性弱。肉质致密,水分含量多,味甜脆嫩,品质好,宜熟食。福州地区9月上旬至11月上旬播种,12月中旬至翌年2月份采收。一般每667平方米产量2 000千克左右。

(27)火车头萝卜 广东省澄海农家品种。叶丛半直立,叶片倒披针状,青绿色,光滑无毛,叶脉显露,近全缘。肉质根长圆柱形,颈部略尖,长约28厘米、横径7~8厘米,皮、肉皆白色,单根重约0.8千克。早熟,生长期约60天。肉质根形成迅速,不很耐热,忌水浸。质脆,味甜,品质优,熟食最佳,也可制干、腌渍。广东沿海9~10月份播种,株行距20厘米×60厘米,11~12月份收获。一般每667平方米产量2 500~3 000千克。

(28)白沙南畔洲晚萝卜 汕头市白沙蔬菜原种研究所选育而成。叶丛半直立,羽状裂叶,叶色深绿,有茸毛。肉质根长圆柱形,长30~35厘米、横径6.5~8厘米。单根重1~1.5千克。皮、肉皆白色,表皮平滑,耐糠心,品质优良,质脆,味甜,纤维少,熟食或腌制加工均可。中晚熟,适应性广,抗逆性强,耐抽薹。华南沿海地区 9～12 月份种植,收获期 11 月份至翌年 4 月中旬。播种至收获 60～80 天,每 667 平方米产量 4 000～5 000 千克。

(29)云南红萝卜 云南省农家品种。叶丛半直立,板叶,叶柄色浅绿带浅紫。肉质根近椭圆形,长约 15 厘米、横径约 11 厘米,地上部皮浅紫间白色,地下部白色,肉白色。单根重约 0.65 千克。中熟,从播种至收获约 85 天。耐寒性强,耐涝性及耐旱性中等,较抗花叶病及黑腐病。肉质致密稍硬,味甜微辣,品质较好,适宜熟食、生食,也可腌制。云南曲靖各地 7～8 月份播种,11～12 月份收获。每 667 平方米产量约 2 800 千克。

(30)贵州团白萝卜 贵州省农家品种。叶丛半直立,窄板叶无裂刻,叶浅绿色,叶缘有浅波,叶柄浅绿。肉质根扁圆形,长约 6 厘米、横径约 9.8 厘米,肉质根地上部长约 1.5 厘米,根皮和肉皆白色。单根重 0.6 千克左右。中熟,从播种至收获 80～90 天。抗逆性一般。皮薄,肉质疏松,水分适中,味淡,品质一般,熟食为主。贵州中北部地区 8 月份播种,10 月下旬收获。一般每 667 平方米产量 2 000～2 200 千克。

(31)沪优 3 号萝卜 四川省农业科学院水稻高粱研究所从地方农家品种中选育而成。叶丛半直立,株高约 77 厘米,花叶,叶柄较粗,主脉紫红。肉质根长圆柱形,根长约 20 厘米、横径 3.8 厘米,单根重 0.3 千克左右,肉白色,皮深红色。质地脆,品质佳。中熟。冬性强,耐贮藏,较抗霜霉病及病毒病,适于四川、重庆等地秋冬种植,适播期为 9 月上旬,从播种至收获 75～80 天。一般每 667 平方米产量 1 500～2 200 千克。

(32)沪优 4 号萝卜 四川省农业科学院水稻高粱研究所育成。叶丛直立,株高约 73 厘米,花叶,叶色淡绿红,叶柄红色。肉质根短圆柱形,上部略细,根长约 10 厘米、横径约 4.6 厘米,单根重 0.3 千克左右,肉白色,皮深红色,皮薄。质地致密,细嫩,稍有辣味,品质佳。中熟,不易糠心,较抗霜霉病及病毒病,适于四川、重庆等地秋、春季种植,秋季 9 月上旬播种,春季翌年 1 月下旬播种。从播种至收获约 70 天。一般每 667 平方米产量 1 600～2 000千克。

11. 冬春萝卜栽培季节的特点是什么? 对商品性的要求有哪些?

冬春萝卜初冬播种,春季收获,生育期 90～140 天,我国华南和西南等地区多采用这一栽培季节。由于这些地区冬季比较温暖,萝卜能够安全越冬。黄淮海地区冬贮萝卜立春后开始糠心,商品价值降低。冬春季保护地萝卜是重要的春季补淡蔬菜。近几年此茬萝卜在市场上非常走俏,其栽培面积越来越大。这一栽培季节的特点是温度不高,光照时间较短,因而需要选择对温度反应迟钝、对光照需求不严格、生长期较长的中晚熟品种为宜。对其商品性,要求肉质根质脆、味甜、纤维少、冬性强、晚抽薹、丰产和不易糠心等。

12. 冬春萝卜主要的品种及其特征特性是什么?

(1)汉中笑头热萝卜 陕西省汉中市农家品种。叶丛半开展,板叶,叶绿色,叶长约 24 厘米、宽约 9 厘米,叶柄红色。肉质根圆柱形,长 11～12 厘米、横径 6 厘米,1/3 露出地面,地上部皮色淡红,地下部白色,肉白色。单根重 200～300 克。冬季栽培表现晚熟,生长期 140 天;春季中早熟,生长期约 60 天。耐寒性较强,耐热性中等。肉质致密,微辣,口感脆嫩,品质好,生、熟食均可。陕西汉中地区冬季 11 月下旬至 12 月上旬播种,翌年 3 月下旬至 4月中旬采收,每 667 平方米产量 1 000 千克左右。春季 3 月上旬播种,5 月上中旬采收,每 667 平方米产量 1 500～2 000 千克。

(2)白沙迟花晚萝卜 汕头市白沙蔬菜原种研究所育成。叶丛半直立,大头羽状裂叶,叶色深绿,茸毛较多。肉质根长圆柱形,长 28～32 厘米、横径 6.5～8 厘米。单根重 1～1.5 千克。皮肉皆白色。耐糠心,质脆,味甜,纤维少。晚熟,冬性强,适应性广。广东省沿海地区 1 月份至 2 月下旬播种,收获期 3 月下旬至 5 月中旬。播种至收获 70～85 天,每 667 平方米产量 3 500～4 000 千克。

(3)白沙玉春萝卜 汕头市白沙蔬菜原种研究所选育的杂种一代。叶丛半披生,羽状裂叶。肉质根皮、肉皆白色,表皮光滑,长 30～36 厘米、横径 5～8 厘米。单根重 0.8～1.5 千克。肉质致密、脆,味甜带微辣。迟熟,冬性强,适应性广。华南沿海地区 9 月份至翌年 3 月上旬均可种植,收获期 11 月份至翌年 5 月中旬。秋播约 60 天采收,每 667 平方米产量 4 000～5 000 千克;冬、春播约 80 天采收,每 667 平方米产量 2 500～3 000 千克。

(4)成都春不老 四川省成都市农家品种。叶丛较直立,板叶,叶片倒披针形,叶面微皱、微反卷,全缘,深绿色,中肋绿色。肉质根近圆球形,长约 13 厘米、横径约 11 厘米,皮绿色,入土部白色,肉白色,肉质根入土 1/2,单根重约 1 千克。晚熟,从播种至收获 130～150 天。生长势强,耐寒力较强。肉质根质地致密,脆嫩多汁,味微甜,不易糠心,品质佳,主要供鲜食。四川省雅安地区 9 月下旬至 10 月上旬播种,翌年 1 月下旬至 2 月份收获。每 667 平方米产量约 3 800 千克。

(5)云南水萝卜(冬萝卜) 云南省农家品种。叶丛半直立,板叶,无裂刻,叶色深绿,叶长约 55 厘米、宽约 16 厘米。叶柄浅紫色。肉质根长圆柱形,长约 27 厘米、横径约 8 厘米,地上部皮浅绿色,地下部白色,肉白色,肉质根入土 2/3。单根重约 1.6 千克。中熟,从播种至收获 80～100 天。耐寒性中等,耐涝性较强,耐旱性弱,中抗花叶病及黑腐病。肉质致密,脆嫩,味甜微辣,水分中等,主要供生、熟食,也可腌制、干制。云南昆明等地 6～9 月份播种,8 月份至翌年 2 月份收获,每 667 平方米产量约 4 000 千克。

(6)**成都热萝卜** 四川省成都市农家品种。可调节春淡。叶丛直立,叶片倒卵圆形,叶色绿,有茸毛,叶缘浅锯齿状,叶柄及中肋淡绿色。肉质根圆锥形,长 20～30 厘米、横径 4～5 厘米,皮和肉均白色。中熟,从播种至收获约 90 天。耐热性较强,春播不易抽薹、不易糠心。味微甜,质地紧密,品质中等。成都地区 10 月下旬至 11 月上旬播种,翌年 2 月中旬收获。每 667 平方米产量 2 000～2 500 千克。

(7)**云南三月萝卜** 云南省农家品种。叶丛半直立,板叶、无裂刻,叶绿色,叶柄浅紫色。肉质根长圆柱形,根地上部长约 8 厘米,皮色浅绿,地下部皮、肉白色。晚熟,从播种至收获 110～130 天。耐寒性较强,耐热性及耐旱力中等,较耐贮藏,冬性极强,抽薹迟,中抗黑腐病及病毒病。肉质致密,脆嫩,水分较多,味甜带辣,生、熟食为主,也可干制。云南昆明等地 10 月下旬至翌年 1 月份播种,3～5 月份收获。每 667 平方米产量约 4 000 千克。

(8)**白沙南畔洲晚萝卜** 见 10 题之(28)。

13. 生食(水果用)萝卜对商品性的要求是什么? 其主要品种有哪些?

生食萝卜要求肉质根的根形正,皮光滑,肉质组织致密、脆而多汁,味甜爽口无渣。若有诱人色泽,其商品价值更高。主要品种有以下几种。

(1)**北京心里美** 北京市郊区农家品种,为著名的水果型萝卜。叶丛半直立或较平展,有花叶和板叶两种类型。板叶型的直立性较强,叶绿色,叶柄、叶脉浅绿色。肉质根短圆柱形,1/3 露出地面。板叶型根长约 15 厘米、横径约 12 厘米,单根重 750 克左右;花叶型根长约 12 厘米、横径约 11 厘米,单根重 500 克左右。出土部分皮色灰绿,入土部分皮色渐浅,尾部黄白色。肉色有血红(紫红色)瓤和草白(紫红与绿白色相间)瓤两个类型。肉质紧密,生食脆甜,品质好,以生食为主。可雕花或加工制成五香萝卜干。耐贮藏,较抗病。一般每667平方米产量3 500千克左右。中熟,生长期80天左右。现在全国各地以及日本和欧美的许多国家都相继引种。

(2)满堂红 北京市农林科学院蔬菜研究中心育成的杂种一代。分花叶满堂红和板叶满堂红两个品种。花叶满堂红叶丛半直立,羽状深裂;板叶满堂红叶丛直立,叶缘缺刻极浅。叶色深绿,叶柄、叶脉浅绿色。肉质根椭圆形,根长约11厘米、横径约10厘米,3/4露出地面,出土部分皮浅绿色,入土部分灰白色。肉质血红色,脆嫩多汁味甜,品质佳。单根重500～600克,耐贮藏。生长期75～80天。每667平方米产量4 000千克左右。已在北京、河北、内蒙古、山西及东北、西北各地推广。

(3)天津卫青 天津市郊区地方品种,为著名的水果型萝卜。叶丛平展,花叶,羽状全裂,叶绿色。肉质根长圆柱形,尾部稍弯,长20～25厘米、横径约5厘米。重250～750克。4/5露出地面,外表皮灰绿色,入土部分白色,肉色翠绿。肉质致密,脆嫩多汁,味稍辣,贮藏后味甜爽口,品质佳,最宜生食,可凉拌、雕花及腌制。生长期80～90天。较耐热、耐藏,不易糠心,但不抗病毒病。每667平方米产量2 500千克左右。适于天津、北京、河北、内蒙古等地栽培。

(4)潍县青 山东省潍坊市郊区农家品种,为著名的水果型萝卜。叶丛半直立,羽状裂叶,叶色深绿有光泽。肉质根长圆柱形,长25～30厘米、横径5～6厘米,2/3露出地面,出土部分皮色深绿,外附白锈,入土部分皮色黄白。根头部小,根茎发达,尾根细。肉质翠绿色、紧密,生食脆甜多汁,稍有辣味,品质优良。耐贮藏,经一段时间贮藏后风味更佳。单根重500～700克。一般每667平方米产量4 000～5 000千克。中晚熟,生长期约90天。较抗病毒病和霜霉病,配合力好,是优良的育种材料。适于山东省各地栽培。

(5)**鲁萝卜6号** 山东省农业科学院蔬菜研究所育成的杂种一代。叶丛半直立,羽状裂叶,叶色深绿。肉质根短圆柱形,长约15厘米、横径10厘米左右。地上部长约10厘米,皮绿色,地下部皮白色,须根微红。肉质鲜紫红,脆甜多汁,生食风味佳。较耐贮藏,适于收获后贮藏至春节前后食用。单根重550克左右。较抗病,适应性强。中熟,生长速度快,生长期80天左右。每667平方米产量4 000千克以上。可作为秋季栽培的绿皮水果萝卜品种,在喜食心里美类型的地区推广应用。

(6)**科萌心里美** 山西省农业科学院蔬菜研究所育成。叶丛半直立,花叶,深绿色。肉质根短圆柱形,根长12～15厘米、横径8～9厘米,1/2露出地面。单根重平均0.5千克。表皮光滑,出土部绿色,入土部白色,肉质红色,生食味甜,质脆,含水量适中,品质优良,适宜生食和加工,耐贮藏。生长期80～90天。适于北京、河北、山西等地及其气候相近地区种植。

14. 加工用萝卜对商品性的要求是什么?其主要品种有哪些?

加工用萝卜要求肉质根组织致密,皮薄,干物质含量在8%以上。主要品种有以下几种。

(1)**邯试1号** 见10题之(9)。

(2)**河北三尺白** 河北省农家品种。叶丛半直立,花叶、全裂,叶色深绿,叶柄浅绿色。肉质根长圆柱形,长约55厘米、横径约11厘米,皮和肉均为白色,肉质致密,味微甜,口感脆嫩,水分较多,品质较好,适于熟食、干制和腌制。单根重约1.3千克。生长期95天左右。耐旱、耐寒、耐贮,较抗病。每667平方米产量4 000千克左右。主要适于河北省中部地区栽培。

(3)**蓝山毛俊雪萝卜** 湖南省农家品种。植株长势强,叶丛半直立。花叶,绿色。肉质根露出土面1/3,为短圆柱形或卵形,皮色鲜红,肉质雪白。单根重1~1.5千克。早中熟,从播种至初收约75天。喜冷凉,较耐寒,抗病力强。肉质鲜嫩,水分多,味甜,可生食、熟食、腌渍或干制成萝卜丝,品质优良,供出口。每667平方米产量4 000~5 000千克。

(4)晏种萝卜 江苏省扬州市农家品种。叶丛半直立,有花叶、板叶两种类型。叶片、叶柄、叶脉均为绿色。肉质根近圆球形,全部入土,下部较大,有1~2厘米长的细颈;皮和肉皆为白色,肉质致密,水分中等,皮薄质脆,味甜稍有辣味,品质好,生、熟食兼用,适宜加工腌制。加工用的萝卜头,个头圆整,皮白光洁,根痕小,单根重15~25克;加工成的酱制品,鲜甜脆嫩,色、香、味、形俱佳,曾多次获奖。中熟,生长期85~90天。抗寒性强,耐贮藏,不易糠心。每667平方米产量1 000千克左右。

(5)张掖牛角萝卜 见10题之(24)。

(6)赤峰长白萝卜 内蒙古自治区农家品种。叶丛平展,花叶,叶缘波状,叶片浅绿色,叶柄绿色。肉质根长圆锥形,长约26厘米、横径约6厘米,皮、肉均白色。单根重约270克。中晚熟,从播种至收获约90天。较耐贮,抗病毒病,对黑腐病抗性较弱。肉质致密,水分中等,微辣,口感脆嫩,品质较好,适于生、熟食和腌渍。内蒙古赤峰地区7月中下旬播种,10月上旬开始收获。每667平方米产量约1 730千克。

(7)红头萍萝卜 广东省澄海农家品种。叶丛披张,大头羽状裂叶,叶色深绿,茸毛疏。肉质根圆柱形,长22~25厘米、横径8~9厘米,单根重0.5~0.8千克。根头较细,近根颈部浅紫红色,根下部白色,肉白色,皮厚而较粗,入土部分占60%。质脆嫩,纤维及水分较少,品质中等,特别适于腌制加工。中熟,播种至收获75~80天。喜冷凉,耐干旱,适应性强。华南沿海地区9~11月份种植,收获期12月份至翌年1月中旬。每667平方米产量2 500~3 000千克。

(8)广西融安晚萝卜 广西壮族自治区融安县农家品种。叶丛半直立,叶缘深裂刻,叶绿色,叶面具茸毛。肉质根长圆柱形,皮肉皆白色。单根重 1.5～2 千克。皮薄,肉质疏松,纤维少,适于加工成萝卜丝,为广西出口产品之一。较耐寒,但耐热性差。9～10月份播种,90～100 天收获。抽薹较迟。

(9)白沙白玉晚萝卜 汕头市白沙蔬菜原种研究所选育而成。叶丛半直立,花叶,叶色深绿,茸毛较多。肉质根长圆柱形,长32～38 厘米、横径 6～7 厘米。单根重 1～1.5 千克。肩部微青,肉白色,表皮平滑,根痕少,肉质致密,耐糠心,质脆,纤维少,特别适于腌制加工。菜脯(萝卜干)成品率高达 20%,是潮汕地区萝卜加工腌制的主要品种。晚熟,适应性广,抗逆性强,耐抽薹。华南沿海地区 10～12 月份种植,收获期 12 月份至翌年 4 月中旬,每667 平方米产量 4 500～5 000 千克。

(10)内江水晶坝萝卜(雪萝卜) 四川省内江农家品种。叶丛半直立,板叶,黄绿色,中肋浅绿色。肉质根圆球形或扁圆球形,长约 11 厘米、横径约 12 厘米,皮肉白色,肉质根入土 1/3。单根重约 0.75 千克。中晚熟,从播种至收获 120 天左右。肉质根质地致密,脆嫩多汁,味微甜,品质优良,主要供鲜食或做蜜饯。四川省内江地区 9 月上旬播种,12 月中下旬收获。每 667 平方米产量约2 000 千克。

(11)干理想大根 从日本引进,是我国出口创汇萝卜主要品种之一。该品种极适合腌制,在国内经初步加工盐渍后出口至日本,日商再进行精加工,生产出多种形状和风味的产品。叶丛半直立,叶色浅绿,花叶深裂。肉质根白色,上部较细,中、下部稍粗,尾部尖细,根长 45～65 厘米,根最粗处周长 20～25 厘米。肉质紧密,干物质含量高,易脱水干燥。一般每 667 平方米鲜重产量可达5 000～6 000 千克,晾晒脱水后为 1 500～2 000 千克。从播种至收获 60 天左右。对环境条件的要求与我国秋冬萝卜相似,惟对土壤要求较为严格。

(12)**百日籽** 江苏省如皋市著名加工、鲜食品种。株高约36厘米,叶丛半直立,花叶,叶色深绿。肉质根扁圆形,长约6厘米、横径约8厘米,叶丛基部与根头部之间有1.5～2厘米长的细颈。入土深,耐寒,不易糠心,外皮薄而光滑。该品种的显著特点是越冬前组织致密紧实,经霜冻后渐渐变脆,口味甘鲜,尤以元旦至春节上市品质最佳。当地8月下旬至9月份均可播种,12月上中旬至翌年3月份分批收获。单株肉质根重150克左右,每667平方米产量2 000～3 000千克。

(13)**捏颈儿** 江苏省如皋市著名加工、鲜食品种。叶丛直立,枇杷叶,叶绿色。肉质根椭圆形,长7～8厘米、横径5～6厘米,细颈长1～1.5厘米,入土较深,耐寒,不易糠心。外皮薄而光滑,组织致密,腌制加工与生食兼用。8月中旬播种,11月下旬至翌年3月份均可收获。单株肉质根重150克左右,每667平方米产量1 500～3 500千克。

15. 品种的选择对萝卜商品性有什么影响? 怎样正确选择萝卜品种?

随着国内品种的发掘改良和国外品种的大量引进,生产上可利用的品种大大扩展,现在一年四季都有可栽培的优良品种,萝卜产量供不应求的矛盾已逐渐被产品质量与市场需求不适应的矛盾所取代。人们不仅要求有充足的萝卜满足周年供应,还要求萝卜风味好、营养价值高、无污染及具有保健功能,对萝卜色、香、味、形和营养品质方面都提出了更高的要求。优良品种都具有高产、稳产、优质、适应性广、抗病虫及抗逆性强等综合优良性状,具有相对稳定的遗传性,在一定的栽培环境条件下,个体间在形态、生物学和经济性状方面保持相对一致性,在产量、品质和适应性等方面符合一定时期内生产和消费者的需要。在栽培过程中,品种的选择对萝卜商品性的影响主要有：萝卜产品的外观，如肉质根形状、大小、色泽、表面特征、整齐度等；风味品质，如肉质是否脆嫩细密，是否有甜、辣、苦味等；营养品质，主要指萝卜中的营养构成，包括维生素、有机酸、矿物质、碳水化合物、蛋白质、脂肪等的含量。

品种选择：①根据消费习惯选用品种。因地制宜选择同类型中最优品种为主栽品种。据我国历史上的栽培习惯，长江以北均以红皮白肉类型和绿皮绿肉类型的品种栽培为主，长江以南特别是广东、广西、福建、上海、浙江等地以栽培白皮白肉品种为主。②根据栽培季节、土壤条件及栽培模式选用品种。春季应选择晚抽薹、生育期短的品种，夏季应选择耐热、抗病的品种。一些肉质根长、皮薄脆嫩的品种宜在砂壤土地上种植，在黏性土壤地区宜选露身或半露身型的肉质根短的品种。保护地栽培选用耐低温、耐弱光，冬性强，不易抽薹的中早熟和早熟品种。③根据产品的用途选用品种。如果以冬贮和远销为目的，就要选用肉质致密、皮厚、含水量较少、耐贮运的品种；如果用于加工，应根据加工产品的要求选择品种。

四、栽培区域与萝卜商品性

1. 我国萝卜的栽培区域是怎样划分的?

据周长久(1991年)研究,依据萝卜品种的生长状态,肉质根膨大,抗病性,以及对温度、光照的适应性及抽薹开花等,可基本将萝卜品种分为北方干燥冷凉气候型和南方温和湿润气候型两大生态型。在观察全国各地萝卜品种形状表现的基础上,用植物地理学方法,按照我国自然地理和气候条件等特点,将萝卜生产划分为7个栽培区。

第一区为东北3省。本区属寒温带气候,无霜期90~170天,单作及两作栽培作物区。冬季寒冷,夏季多雨,夏、秋季为作物生长季节,对根菜类生长有利,但萝卜的品种类型较少。

第二区为北京、天津、河北、山西、内蒙古等省、自治区、直辖市。本区属于温带、半干旱地区,无霜期150~220天,适宜萝卜生长,品种类型较多。

第三区为山东、江苏、安徽及河南等省。本区是我国萝卜类型品种最丰富的区域。山东及河南属暖温带季风气候,江苏及安徽的气候温暖湿润,无霜期230~250天,萝卜可在春、秋两季栽培,夏季亦可种植。

第四区为甘肃、青海、西藏等省、自治区。本区气候干燥高寒,昼夜温差大,无霜期仅为90~134天。萝卜品种类型较少,品种特点是耐寒、耐旱。

第五区为上海市和浙江、江西、福建、湖南、湖北等省。本区气候温暖湿润,萝卜品种及类型较多,生长季节较长。萝卜多为白皮、白肉的品种。

第六区为广东、广西及台湾等省、自治区。本区全年无霜冻，周年露地栽培蔬菜。该地区气温高，降水量大，昼夜温差小，大部分萝卜肉质根为细长型。

第七区为四川、云南、贵州等省。本区气候为垂直分布，差异非常明显，秋、冬季节萝卜播种面积较大，萝卜品种资源丰富。

2. 黄淮海地区的自然条件及气候特点是什么？

黄淮海流域是我国三大一级流域（黄河流域、淮河流域和海河流域）的统称，流域总面积 14 400 万公顷。耕地资源丰富，光热条件适宜，是我国重要的农业经济区和粮食、棉花主产区之一，现有灌溉面积 2 400 万公顷。黄淮海地区包括山东、山西、河南、河北 4 省与北京和天津两市以及江苏、安徽两省北部。河北、河南与山东 3 省土地是由黄河、淮河、海河和滦河等冲击而成，形成了坦荡辽阔的黄淮海大平原，土壤肥沃，河流纵横，水利发达，灌溉便利。即使地处高原的山西省，也分布一条从南到北的串珠状的盆地，良好的自然条件是生产优质萝卜不可缺少的重要基础。江苏、安徽两省北部处于淮河流域，其气候特点是季风明显、四季分明、气候温和、降水量适中、春温多变、秋高气爽。优越的气候条件，充沛的光、热、水资源，有利于农、林、牧、渔业的发展。

本地区属于华北暖温带半湿润地带，全年积温 3 800℃～4 500℃，日照时数在 2 100～3 000 小时。年降水量一般在 400～1 200 毫米，降水在季节分配上很不均匀，各地夏季降水量多、占 40%～70%。气候特点是四季分明，冬冷夏热，春暖秋凉。全年最高气温在 7 月份，最低气温在 1 月份。全年降水多集中在 7～8 月份，9 月份以后降水减少。气温逐渐降低，且晴天日照多，适于萝卜肉质根的生长。全年平均温度山东、河南、安徽、江苏较高，在 11℃～16℃。无霜期除河北和山西北部在 80～90 天外，其他地区无霜期都在 180 天以上。

3. 黄淮海地区的萝卜生产特点及商品性的优劣势是什么?

本地区萝卜栽培历史悠久,品种资源丰富,各省、直辖市不同地区都有适合当地种植的类型和品种,盛产优质萝卜。山东、河南两省主要为秋冬萝卜类型,资源丰富,品种多样。萝卜品种多为短而粗的绿皮萝卜,其次是红皮和白皮萝卜,还有少数紫皮萝卜,多数品种比较耐寒和耐旱,但耐热性稍差。江苏和安徽两省以耐热、抗病品种为主,主要为红皮和白皮萝卜,少量绿皮品种。山西省的萝卜品种资源主要以春夏萝卜为主,也有白皮及绿皮秋冬萝卜。河北省主要是白皮的秋冬萝卜。北京市、天津市以绿皮秋冬萝卜为主。由于本地区秋季阳光充足,昼夜温差大,气候凉爽,有利于肉质根生长,所以生产出的萝卜个大,含水分较少,而淀粉、糖分含量较高。尤其是一些水果萝卜,像山东济南的青圆脆、潍坊的潍县青、北京的心里美、天津的卫青等,都是有名的生食萝卜,色美、质脆、味甜。高产、优质、适于熟食和加工的绿皮萝卜品种也很多,代表品种有露八分、翘头青、大青皮、鲁萝卜 4 号、丰光一代、丰翘一代等。红皮萝卜品种有大红袍、中秋红、灯笼红、农大红等。白皮萝卜有象牙白、美浓早生、石白、丰玉一代等。此外还有春季播种的红皮春夏萝卜,主要品种有春红一号、大连小五缨、北京五缨萝卜、河北小五叶、天津娃娃脸等。黄淮海地区萝卜栽培及供应季节见表 1。

表 1　黄淮海地区萝卜栽培及供应季节

萝卜类型	播种期(月/旬)	采收供应期(月/旬)	栽培方式
春夏萝卜	2/下至 3/上	4/下至 5/上	风障前播种加盖草苫
春夏萝卜	3/下至 4/上	5/中至 6/上	露地或覆盖地膜栽培
夏秋萝卜	6/下至 7/上	8/中至 9/下	露地或加盖遮阳网

续表 1

萝卜类型	播种期(月/旬)	采收供应期(月/旬)	栽培方式
秋冬萝卜	7/下至8/中	10/中至11/中	露地
冬春萝卜	1/下至2/中	4/上至4/下	大棚内加小拱棚
冬春萝卜	2/上至3/上	4/中至5/中	中小拱棚加地膜覆盖

4. 东北地区的自然条件及气候特点是什么?

东北地区位于我国东北边陲,包括黑龙江、吉林和辽宁3省及内蒙古自治区大部,与俄罗斯、朝鲜、蒙古等国相邻,地处北纬39°～53°、东经106°～135°,总面积为18 900万公顷。其特点是地形差异较大,山地和丘陵较多,气候寒冷。北部边陲的黑龙江省中部是由松花江、嫩江冲击而成的平原,东部是由黑龙江、松花江和乌苏里江冲击而成的三江平原,是蔬菜主产区。位于东北中部的吉林省,东为长白山区,中部是连接大兴安岭的松辽平原,是蔬菜主产区。位于南部的辽宁省,南临黄海和渤海,中部为辽河平原,渤海沿岸狭长的滨海平原是该省的主要蔬菜产区。内蒙古位于本区西北部,河套平原是本区的主要蔬菜产区。

黑龙江、吉林两省是我国最北部的省份,冬季漫长、寒冷,夏季短促,最西北部无夏季,年平均气温由西北往南从－3℃～－5℃增至4℃～7℃,7月、8月、9月3个月气温适中,为该区萝卜生产的主要时期。辽宁省气候相对较温暖,夏季温暖多雨,春季短促多风,年平均气温从东北向西南由5℃增至10℃,8月、9月、10月3个月为该省萝卜的主要生长时期,而且这几个月的光照资源比较丰富,各月日照时数都在200小时以上。内蒙古年平均气温由东北向西从－1℃增至8℃左右,河套平原属大陆性气候,年平均气温7℃～8℃。萝卜的主要种植时期也为8月、9月、10月3个月。

5. 东北地区的萝卜生产特点及商品性的优劣势是什么?

东北地区由于气候、地势的差异,土壤类型较多。黑龙江、吉林两省的松嫩平原及内蒙古北部以黑土为主,土壤有机质含量丰富,保水保肥力强,很适合萝卜生长;内蒙古的河套平原以灰钙土或灌淤土为主,是萝卜种植的主要土壤;辽东半岛低山丘陵地区、黑龙江北部大兴安岭以及吉林东部长白山一带,以棕壤土为主,土壤肥力较低,但经过多年耕种施肥,土质已变得肥沃,适合萝卜生长;辽宁渤海湾滨海平原多为盐碱地,黑龙江、吉林两省西部的草甸区多为碱土,经过改良和合理耕作后也可以种植萝卜,但应严格栽培措施。

萝卜一直是东北地区主要蔬菜之一,过去多为秋、冬季节种一茬,冬季贮存或加工,吃半年。食用方法以炒食、腌渍及泡菜为主。品种多以当地地方品种为主,如王兆红大萝卜、辽阳大红袍、丹东青等。皮色以红皮、绿皮为主。肉质根近圆形或圆锥形,肉质致密,含水量适中。由于萝卜丰富的营养价值和特殊的食疗作用,加之蔬菜科研与生产水平逐年提高,萝卜新品种不断被应用到生产中,如耐抽薹的春季栽培品种、耐热的夏季栽培品种等。露地栽培和设施栽培相结合,再加以冬贮萝卜,目前一年四季均有萝卜供应市场。东北地区萝卜栽培及供应季节见表2。

表2　东北地区萝卜栽培及供应季节

萝卜类型	播种期(月/旬)	采收供应期(月/旬)	栽培方式
春夏萝卜	2/中至3/上	4/中至5/上	日光温室
春夏萝卜	3/中至4/下	5/上至6/中	小拱棚
春夏萝卜	5/上至5/中	6/下至7/中	露地
夏秋萝卜	6/中至6/下	8/下至9/上	露地
秋冬萝卜	7/上至7/中	10/上至10/中	露地

6. 西北地区的自然条件及气候特点是什么?

西北地区包括陕西、甘肃、青海、宁夏、新疆等 5 省、自治区及内蒙古自治区西部地区。地域辽阔,总面积为 30 460 万公顷,地形复杂,自然气候条件差异大,生态条件各不相同。

陕西省依地理条件分陕北、关中、陕南 3 个不同类型的地区。陕北属暖温带半干旱气候,年降水量 400~600 毫米,无霜期 180 天,年日照 2 400~2 900 小时,10℃以上积温为 3 000℃;关中平原属暖温带半湿润气候,年降水量 500~750 毫米,极端最高气温 41.7℃,极端最低气温－18.7℃,无霜期 210 天,年日照 2 000~2 500 小时,10℃以上积温 4 313.6℃。

甘肃省位居我国内陆,属大陆性气候,境内多山,分陇东、陇西及陇南地区,年平均气温 4.3℃~10.5℃,年降水量 29.2~580.1 毫米,多集中在 7 月、8 月、9 月 3 个月,年日照 2 000~2 500 小时,10℃以上积温 2 800℃~3 646.4℃,无霜期 150~187 天,昼夜温差大,空气干燥,有利于萝卜生长。

青海省气候高寒,空气干燥,极端最高气温 33.1℃,极端最低气温－41.2℃,10℃以上积温 1 500℃~2 000℃。西宁年平均气温 5.6℃,年日照 2 700~3 000 小时,无霜期 90~134 天,年降水量约 500 毫米,7 至 8 月间经常降落冰雹,常给萝卜生产带来巨大灾害。四季多风,气候变化剧烈,属高原大陆性气候。

宁夏回族自治区地处黄河中游。银川平原农业生产条件甚好,土壤肥沃,引黄灌溉方便。年平均气温 5℃~10℃,极端最高气温 35℃,极端最低气温－24.3℃,10℃以上的积温为 3 326.9℃,年降水量 200~400 毫米,年日照 3 019.5 小时,无霜期 180 天。昼夜温差大,日照充足,空气干燥,有利于萝卜生长。

新疆维吾尔自治区位居我国西部内陆,地势较高、海拔 1 000 米以上,绝大部分属于干旱荒漠地带,大陆性气候明显,光热资源丰富,水土资源较差。极端最高气温 47.5℃,极端最低气温－40.4℃,10℃ 以上积温为 2 207.6℃～5 437.6℃,年日照 2 845.8～3 413.9 小时,年降水量为 12.6～414.7 毫米。同一自治区内,降水多寡不均,气候冷热无常,变化剧烈,早晚悬殊,这是本区气候的最大特点。

7. 西北地区的萝卜生产特点及商品性的优劣势是什么?

萝卜在本区蔬菜生产中占有重要的地位。因本区大部分地区地处青藏高原,在过去相当长的时间里,萝卜是当地居民的主要食用蔬菜。即便现在随着西部的发展及农业种植业结构的调整,萝卜仍然是本区栽培的主要蔬菜之一。

在陕西省的陕北地区,由于气候寒冷干旱,生长期短,在河谷平川有灌溉条件的地区,萝卜种植基本是 1 年 1 茬;无灌溉条件的平原地区,旱作栽培,1 年只能种植 1 茬,冬、春缺菜较严重,萝卜靠贮存供应;关中平原土壤肥沃,水利条件好,灌溉方便,1 年可种植两茬萝卜。该地区生产的萝卜以绿皮、白皮为主,肉质根圆柱形或长圆柱形,肉质致密、含水量适中,耐贮运。

甘肃省的大部分地区昼夜温差大,空气干燥,有利于萝卜生长。陇东、陇南 1 年可种植两茬萝卜,陇西大部分地区 1 年只能种植 1 茬萝卜。此外,由于气候比较寒冷,冬、春缺菜现象比较普遍。利用保护设施栽培萝卜,对于丰富冬、春市场、增加花色品种等方面起到了一定的调节作用。

青海农业主要集中在日月山以东,湟水、黄河之间的贵德、大通、门源以南的谷底,以及青海西北部柴达木盆地。青藏高原因海拔过高,植物生长期短,大部分地区不适合种植萝卜。萝卜是青海西宁种植的主要蔬菜之一,但 1 年也只能种 1 茬。冬、春季节萝卜消费以腌渍菜为主,花色品种单调。夏、秋季节萝卜消费以夏萝卜为主,上市集中。

宁夏回族自治区的气候适宜萝卜生长,种植面积在蔬菜总种植面积中占有相当大的比例。生产的萝卜肉质根皮光肉细,品质优良,风味好。银川地区1年可种植两茬萝卜,春季种植小萝卜,秋季种植大、中型萝卜。宁夏大部分地区在4月中旬播种蔬菜,9月份采收上市,从11月份至翌春主要靠冬贮萝卜供应,3~5月份为春淡季,必须靠外省、直辖市调剂部分萝卜。

新疆维吾尔自治区萝卜生产主要分布在乌鲁木齐、克拉玛依、喀什、伊宁、哈密、库尔勒、阿克苏、石河子等8大城市周边地区。近年来新疆在调整农业种植业结构中,夏秋萝卜的种植已成为蔬菜种植中的一大支柱产业。菜农在生产上避旺就淡,充分利用大棚和日光温室发展萝卜生产,拉长生产周期及延长供应期,大面积推广适销对路的萝卜新品种。西北地区萝卜栽培及供应季节见表3。

表3   西北地区萝卜栽培及供应季节

萝卜类型	播种期(月/旬)	采收供应期(月/旬)	栽培方式
春夏萝卜	1/上至1/中	4/上至4/下	大棚内套小拱棚
春夏萝卜	2/上至3/上	4/下至5/上	小拱棚加地膜覆盖
春夏萝卜	3/中至4/下	5/中至6/上	地膜覆盖
春夏萝卜	4/上至4/中	5/下至6/下	露地
秋冬萝卜	5/上至8/中	8/下至11/上	露地
冬春萝卜	10/下至12/上	翌年2/上至3/下	日光温室

8. 长江中下游地区的自然条件及气候特点是什么?

长江中下游地区包括湖北、湖南、江西、安徽、江苏、浙江、上海6省1市。该地区西部地势明显高于东部,湖北、湖南、江西、浙江4省山地占总面积的70%以上。安徽、浙江两省的山地也主要在皖西和浙西,这两省有淮河平原、皖中平原、黄淮平原、江淮平原、滨海平原、长江三角洲平原等,平原面积占两省总面积的 70% 以上。上海市的高地仅占总面积的 4%。整个地区属于暖温带和亚热带季风性湿润气候,雨量适中,四季分明。据统计,月平均气温最高是 8 月份、为 30.1℃,月平均气温最低是 1 月份、为 2℃。年平均气温为 17.8℃,年降水总量为 1 094.1 毫米,年积温为 5 000℃~6 500℃,无霜期为 230~300 天。适于各类型萝卜品种的生产,也是我国萝卜品种比较集中的地区,每年萝卜生产的面积和产量都占全国的 20%~30%。

9. 长江中下游地区的萝卜生产特点及商品性的优劣势是什么?

根据长江中下游地区的气候特点,传统栽培萝卜分成 3 大季:春萝卜、夏秋萝卜、秋冬萝卜。春萝卜以种植生长期短、肉质根小、周年都可栽培的四季萝卜和晚秋种、初春收或春播春收的品种为主。这个季节气候较冷凉、温和,适宜肉质根膨大生长,生产的萝卜肉质根肉质细密、脆嫩,含水量适中,无辣味。采收供应期为 4~5 月份。夏、秋季节种植的萝卜品种要求耐热性较强,同时还要耐病抗虫。肉质根膨大期正值高温雨季,生产的萝卜稍有辣味或苦味,适宜熟食和加工。在夏季利用简单的设施,如搭建防雨棚加遮阳网种植萝卜,可以降温防涝,使肉质根的生长处于一个相对适宜的环境,生产的萝卜质优味美。秋、冬季节也是该地区萝卜种植的主要季节,栽培面积最大,品种类型最多,生产的萝卜肉质根大、品质好、产量高。长江中下游地区萝卜栽培及供应季节见表 4。

表 4　长江中下游地区萝卜栽培及供应季节

萝卜类型	播种期(月/旬)	采收供应期(月/旬)	栽培方式
秋冬萝卜	8/中下	10/中下至 12 月	露地
冬春萝卜	11 月至翌年 1 月	3～4 月	大棚加小棚加地膜
春夏萝卜	3～4 月	5～6 月	露地
夏秋萝卜	5～7 月	7～9 月	防雨棚加遮阳网
四季萝卜	10～12 月	12 月至翌年 3 月	大棚栽培

10. 华南地区的自然条件及气候特点是什么?

华南地区包括广东、广西、海南、福建及台湾 5 省、自治区。该地区以丘陵为主、约占土地总面积的 90%,平原仅占 10%。丘陵、山地、平原交错分布,耕地多集中于平原、盆地和台地上。土壤 pH 值多在 5～6。大部分地区河网稠密,地表流量大,是全国径流深度最大的地区之一。福建、广西、广东北部和台湾东北部属亚热带湿润季风气候,海南、广东中部以南及台湾西南部属热带湿润季风气候。受热带、副热带海洋性气团影响,本区高温多雨,水、热资源丰富,夏长冬暖,平均日照 1 600～2 000 小时。平均气温广东为 20.4℃～26℃,广西为 16.8℃～23℃,海南为 26℃～28℃,福建为 17℃～22℃,台湾为 17.3℃～22.3℃。最冷月份平均气温在 12℃ 以上。昼夜温差小,一般温差在 10℃ 以内。除部分山区外,大部分地区全年无霜冻,无霜期 300～365 天,年积温达 6 500℃～9 500℃。雨量充足,降水量自东向南逐渐增多。年降水量平均达 1 531 毫米,最多年份达 2 000 毫米,最少年份也在 800 毫米左右。但降水量全年分布不均匀,春季常阴雨连绵,降水多集中于夏、秋季,冬、春季节雨水普遍不足。

11. 华南地区的萝卜生产特点及商品性的优劣势是什么?

萝卜在华南地区栽培历史悠久,可以周年生产均衡供应。选用耐热的早熟品种搭配冬性强的冬春品种,1 年内萝卜可栽培4～5 茬,是华南主要蔬菜之一。由于本区毗邻港澳,历史上是港澳台地区及东南亚一带的蔬菜出口基地。种植品种丰富多样,品质优良。除熟食外,还可以加工成萝卜丝(干)、咸萝卜干、盐渍萝卜及酸萝卜等,外销到世界各地,成为华南地区创汇主要蔬菜之一。每年 11 月份至翌年 3 月下旬,受北方冷空气的影响,常出现10℃以下的低温寒流,有时长达 10 天以上,并伴有低温阴雨,使冬春萝卜生长受阻并通过春化阶段,引起先期抽薹,产量降低,品质变劣,肉质根纤维多或糠心,甚至失去食用价值,菜农收入减少。冬春萝卜栽培要注重选用耐寒、耐弱光、冬性强、不易抽薹的品种,适期播种,科学管理,克服先期抽薹;每年 6～9 月份炎热多雨,加之台风、暴雨出现频繁,常使夏秋萝卜大面积受涝害,造成损失。通过选用抗热、耐湿品种及推广遮荫栽培、高畦栽培等技术措施,克服夏季高温、暴雨所带来的不利影响,改善萝卜生产和供应的秋淡局面。

近年来,福建南部山区、广东北部山区及广西的西北部山区,利用小气候环境多样化、"立体气候"较为明显的优势,因地制宜,在炎热的夏季发展高山反季节萝卜商品生产,克服平原地区气候条件的限制,"山上种山下卖",萝卜成为堵伏缺的主要蔬菜之一,对于扩大萝卜生产和实现全年均衡供应发挥了重要作用。华南地区萝卜栽培及供应季节见表5。

表 5　华南地区萝卜栽培及供应季节

萝卜类型	播种期(月/旬)	采收供应期(月/旬)	栽培方式
夏秋萝卜	4/下至 8/下	6/中至 10/中	露地或遮阳网
秋冬萝卜	8/上至 10/下	10/上至 12/下	露地
冬春萝卜	8/下至翌年 1/下	11/下至翌年 4/上	露地
四季萝卜	8/上至翌年 2 月	9/上至翌年 3 月	露地

12. 西南地区的自然条件及气候特点是什么？

西南地区包括云南、贵州、四川、重庆、西藏 5 省、自治区、直辖市。该地区地形复杂,高原、盆地、山地、丘陵、坝子等纵横交错。以山地为主,其次为丘陵。最大的为成都平原。由于山地、丘陵面积大,因此大部分土壤属红壤和黄壤,土层薄、肥力低。海拔一般在 1 000 米以上,四川盆地海拔在 400~700 米。而四川和云南横断山峡谷区海拔多在 2 000~3 000 米,一些高山海拔超过 4 000~5 000 米,气候呈垂直分布,差异带非常显著。

西南地区地处亚热带,但地形以山地为主,因此雨水和云雾多、湿度大、日照少的亚热带山地气候特征显著。四川和贵州高原是全国云雾最多、日照最少的地方,年日照 1 000~1 600 小时,为全国最低值区。一般年降水量 800~1 000 毫米,高的可达 1 800 毫米以上。云南省的思茅一带有效积温为 5 500℃~6 500℃,昆明附近为 4 500℃,四川西南为 4 000℃~4 500℃。年平均气温昆明 14.5℃,贵阳 15.2℃,成都 16.1℃,重庆 17℃~18.8℃。无霜期 200~350 天。热量由南向北逐渐递减,除受纬度影响外,主要还是受海拔高度控制。西藏平均海拔 4 500 米,属高原气候,气温偏低,无霜期短,气候干燥,空气稀薄,日照充足,年平均气温 -3℃~12℃,西藏北部高原气温低,约有半年冰雪封冻。南部气候较温和,无霜期 120~150 天。

13. 西南地区的萝卜生产特点及商品性的优劣势是什么?

西南地区复杂多样的自然生态条件,孕育了丰富的萝卜种质资源,既有大型品种又有小型品种。就肉质根形状来看,既有长圆柱形及短圆柱形,又有圆球形或扁圆形;根皮色有红、浅红、浅绿、半绿半白或白色等;肉色有绿、白、红或紫红等。品种来源可分为本地地方农家品种、地方选育品种及引进品种。由于云南东部一带气候四季如春,川西成都平原气候温暖,随着萝卜新品种的不断引进和栽培技术的提高,萝卜可以周年种植均衡供应;四川西南山地和贵州高原萝卜春、夏、秋季均可栽培,且可露地越冬,因此1年内露地可栽培3茬以上。贵州高原夏季雨水较多,不利于萝卜的生长,给夏季栽培带来一定的困难,有较为明显的4~5月份春淡和9~10月份秋淡问题;四川西部高山峡谷高原冬季较寒冷,只能在夏、秋季生产萝卜。西藏大部分地区海拔高、温度低、昼夜温差大,萝卜栽培一般选用生育期长、冬性强的品种,以夏季播种、初冬收获为主。西南地区萝卜栽培及供应季节见表6。

表6　西南地区萝卜栽培及供应季节

萝卜类型	播种期(月/旬)	采收供应期(月/旬)	栽培方式
春夏萝卜	1/下至2/中	3/中至4/中	露地
夏秋萝卜	5月至8/下	6/下至11/中	露地或遮阳网
秋冬萝卜	8/上至10/上	10/上至翌年1月	露地
冬春萝卜	9/中至翌年2月	12/下至翌年2/下	露地

五、栽培模式与萝卜商品性

1. 萝卜生产的栽培模式有哪些?

按照市场的需求以及萝卜品种的生物学特性、选择适宜播期,创造适宜的栽培条件,生产外观美、营养丰富、无污染、风味好、生食脆嫩、无辣味的商品——肉质根,是萝卜商品性栽培的目的。萝卜的栽培季节在不同地区差别很大。就露地栽培而言,长江流域及华南地区四季均可栽培;北方大部分地区可春、夏、秋 3 季种植;东北北部 1 年只能种 1 季。近年来随着保护地栽培的发展,利用日光温室、大棚、中拱棚、小拱棚和地膜覆盖栽培,冬季较寒冷的地区也可以周年生产萝卜。目前,萝卜生产的栽培模式主要有露地栽培、设施栽培、间作和套作栽培等。

露地栽培是利用大自然气候、土地、肥力等条件,根据当地的消费习惯及市场需求,再加以人工管理,以获得萝卜产品供应市场的一种栽培方式。从经济效益来说,露地栽培是最符合经济原则的。各地区应根据当地的气象条件,充分利用生长季节,高度发挥土地潜力,确定萝卜生产基地,进行专业化、规模化、区域化、标准化生产,提高萝卜的商品性。

设施栽培是在自然条件下不适合萝卜生产的情况下,采用各种农业设施,创造出适宜的小气候条件,进行萝卜生产的一种栽培方式。究竟以哪种方式为优越,不能单纯以构造形式来衡量,主要是以能否满足萝卜生长条件为指标。只要能节约物资、降低生产成本、生产出物美价廉的产品,就是最切合实际的方式。萝卜属半耐寒性蔬菜作物,是以其肥大的肉质根为产品的矮生植物,栽培简单,耐贮运,北方冬、春季节萝卜的供应主要依靠贮藏的方式来解决,在实践中有许多简易、方便、实用的贮藏方法。生产上为解决萝卜供应春、秋淡季市场,春提前、夏季生产及秋延后栽培多采用各种拱棚、阳畦及地膜覆盖栽培等保护设施。

合理的萝卜间作、套作的栽培模式,将用地和养地相结合,可以不断地提高土壤肥力,又能提高土地和光能利用率,增加各种作物产量,实现生物多样性,改善生态环境。根据各地区的地理、气候条件,将萝卜和各种作物安排在最适宜的生长条件之中,以实现萝卜周年生产、均衡供应。

2. 萝卜露地栽培常见的种植方式有哪些? 各有什么特点?

萝卜的露地栽培种植方式,视当地气候条件、土壤条件及品种情况等有所不同,常见的种植方式有平畦栽培、低畦栽培、高畦栽培和垄作栽培等。

(1)**平畦栽培** 畦面和田间通道相平的栽培畦形式。即平整地面后不特别构筑畦沟和畦面。适用于排水良好、雨量均匀、不需要经常灌溉的地区。在雨水多或地下水位高的地区,除土地表面有一定倾斜的地块外不宜采用。其优点是土地利用率高,省工省力。

(2)**低畦栽培** 畦面低于畦间通道。畦与畦之间要留有浇水用的水道,一般宽30～50厘米。这种畦利于蓄水和灌溉,在少雨的季节,干旱地区应用较为普遍。其优点是保墒能力较强,可减少灌溉次数。

(3)**高畦栽培** 为了排水方便,在平畦基础上挖一定的排水沟,使畦面凸起的栽培畦形式。适于降水量大且集中的地区应用。其优点是便于排水。

(4)**垄作栽培** 一种较窄的高畦。其特点是垄底宽上面窄。栽培大型萝卜的垄底宽为50～60厘米,垂直高度约20厘米,一垄一行或三角形种植两行。优点是土质疏松、排灌方便,更有利于萝卜肉质根的生长。

为了便于播种、浇水、施肥、除草、病虫害防治等管理,低畦和高畦的畦面宽 2 米左右为宜,畦埂和畦沟宽约 30 厘米;平畦宽一般 6~8 米。栽培萝卜畦的走向取东西向较多,播种行以南北向为宜,以利于通风和采光。播种方法多采用条播或撒播。垄作栽培多采用穴播,垄长不宜超过 20 米,防止田间积水和浇水不匀。

3. 在生产中如何确定萝卜的种植方式?

(1)根据当地的气候条件(雨水多少)确定种植方式 如在雨水较多的地区和萝卜肉质根生长期处于雨水较多的季节,为排水方便、防止病害发生,应选用高畦栽培。如长江流域秋季 7~8 月份播种萝卜时正是多雨季节,宜采用高垄或高畦栽培;徐州地区春季雨水少又是土层深厚的黄河冲击沙土,春季种中小型萝卜,多用畦宽 1.1~1.3 米、埂高 13 厘米的低畦,以便顺利漫灌;南京地区春季比徐州雨水稍多,春季种小型萝卜,多采用畦宽 2.3~3 米、畦间宽 50 厘米的平畦,以充分利用土地。

(2)根据品种特性确定种植方式 种植肉质根入土较深的萝卜品种,宜选用高垄栽培。起垄栽培可使土层深厚疏松,地温昼夜变化较大,有利于肉质根膨大生长、通风透光、病害少。据西安市园艺研究所在本市郊区对秋冬萝卜栽培的调查,发现同一个品种,高垄栽培比平畦栽培增产 9.8%~20.7%。对于萝卜出土部分比例较大的品种(例如潍县青),如果采用起垄栽培,间苗、定苗不及时的话,肉质根易长弯而影响商品品质,不宜垄作。

(3)根据地势、土质、土层深浅等确定种植方式 如种植地块地势平坦,土质疏松、深厚,可采取平、低畦栽培,省时省力,便于操作。如果土质黏重、土层较浅,应选用垄作栽培,利用高垄增加疏松的耕作层,有利于根系的发育和肉质根的生长。

4. 设施栽培对萝卜的商品性有何影响？主要优点是什么？

　　设施蔬菜栽培是指在不适宜露地栽培蔬菜的季节或地区,利用特定的保护设施人工创造良好的环境条件,从而获得高产、优质、高效的一种先进的农业生产方式。它的特点是既可以摆脱传统露地栽培蔬菜受大自然的约束,又能吸纳多种高新技术,是现代农业的重要标志之一。设施种类有温室、大棚、中拱棚、小拱棚、遮阳网、阳畦等。各地区设施类型与结构有较大差异。东北地区日照时数多,但纬度高,冬季严寒,积雪日长达 15～40 天,主要是以防寒保温的日光温室为主;黄土高原地区光热资源丰富,日温差大,冬季夜温低,夏季昼温高,风沙大、灾害性天气多,所以要求设施结构牢固,保温、通风性能全全;黄淮海地区气候较温暖,光热资源较好,以日光温室为主;长江中下游地区冬季温暖、但日照时数少,主要以塑料拱棚为主,夏季利用拱棚遮阳降温、防雨,沿海地区还可用其防风;蒙新地区光热资源丰富,冬寒夏热,冬、春季风大,以日光温室为主。总之,因地制宜、合理利用设施栽培萝卜,可以做到周年生产、满足市场供应,同时增加农民收入。其次生产的萝卜肉质根表皮光滑鲜嫩,根形美观,含水量多,肉质脆、口感好。与露地栽培相比萝卜风味淡、营养品质稍逊,但经济效益好。

　　设施栽培萝卜主要优点:①可以根据市场需求生产适销对路的产品,丰富市场。②萝卜植株矮小,是良好的间作、套种作物,也可插空种植,能够充分利用设施内生长空间和时间,提高土地利用率,增加单位面积产量和经济效益。③有利于发展标准化萝卜生产,提高萝卜的商品性。

5. 萝卜设施栽培的主要方式及其特点是什么？

　　萝卜设施栽培主要有春提早栽培、越夏栽培和秋延后栽培 3

种方式。在生产上,除少数利用日光温室边角种植萝卜调节市场外,大部分利用拱棚和阳畦进行萝卜的商品性生产。

大型拱棚(大棚)一般棚中高 2～2.8 米,侧边高 1～1.2 米,跨度 7～20 米,长 40～60 米。其优点是覆盖面积大,便于操作管理,适于机械耕作。通风好,光线充足,作物受光均匀,昼夜温差大。其缺点是不便于覆盖草苫等不透明覆盖物,保温效果差;棚体的稳定性也较差。在长江流域多用于冬春萝卜的生产,在黄淮海地区多用于春提早和秋延后栽培。

小拱棚的高度一般为 0.8～1 米,跨度以 1.5～2 米为宜,在生产上多为成片建造,进行规模化生产。利用小拱棚进行萝卜的春提早栽培,在黄淮海地区一般可于 2 月上旬播种四季萝卜和耐低温、耐弱光、晚抽薹的大型和中型萝卜。根据萝卜的生长发育及栽培季节的需要,还可以内加地膜覆盖和外加草苫覆盖,提高保温性能,扩大应用范围。由于小拱棚结构简单、容易建造、成本低、易管理,可根据栽培的需要随时扎拱,用完后及时拆除,已成为保护地萝卜生产应用最为广泛的一种保护设施。

竹木结构的中拱棚一般跨度 4 米,中间高 1.6 米,肩高(即距棚两侧约 0.5 米处)1.1 米,结构稳固。中拱棚是大拱棚与小拱棚之间的中间类型,既克服了小拱棚跨度小、高度矮、空间小、温度变化剧烈等缺点,也克服了大拱棚跨度大、抗风和抗雪性能不强的问题。除用于春提早、秋延后栽培外,还可用于遮阳越夏栽培。由于中拱棚建造成本相对较低、适用性强,故应用面积较大且呈现发展的趋势。

此外,还可利用阳畦进行萝卜的春提早栽培和秋冬萝卜的假植贮藏。阳畦具有建造成本较低、采光保温性能较好、便于操作管理等特点。在黄淮海地区早春种植萝卜一般可比露地栽培提早 15～20 天收获。

6. 设施栽培萝卜的技术要点有哪些？

设施栽培萝卜的技术要点如下：①利用当地气候资源优势，选建适宜的设施结构，科学合理选用农膜，创造适宜萝卜生长的环境条件。②根据市场需求和栽培季节选择品种。③根据品种特性确定适宜的播种期和播种方式。集中栽培上市的以平畦条播和高垄穴播为主，间作套种的地块依据不同的作物和种植方式隔畦条播或在畦埂上穴播。④合理安排种植茬口，避免连作，以减轻病虫害。在管理过程中，要注重通风，调节拱棚内的温、湿度和气体成分，避免低温高湿或高温高湿，提高光和性能；控制氮素化肥的用量，增施有机肥和实行配方平衡施肥；水分供应要均匀，以免裂根；当肉质根充分膨大后适期收获上市，否则易糠心。⑤应用先进的生产技术，如阳畦及拱棚配套栽培技术、遮阳网覆盖越夏栽培技术、应用薄膜防水滴剂等，改善光照条件，提高萝卜商品性，增强市场竞争力。⑥病虫害防治要严格贯彻"以防为主，综合防治"的方针，采取物理防治、生物防治、农业防治和高效、低毒、低残留化学农药防治相结合的综合控防措施，严格控制产品中农药残留。

7. 设施栽培常用的覆盖物有哪些？

常用的覆盖物有棚室外覆盖材料、棚室外保温覆盖材料和地面覆盖材料。

棚室外覆盖材料系指在棚室拱架上覆盖的各种农膜、硬质农膜、板材、纤维编织物复合材料、玻璃等，以保温、透光、防风、防雨雪以及遮阳降温等为目的，能为设施内栽培作物生长发育创造相对稳定适宜的条件。据调查，中、小拱棚所用的透明覆盖物多为 0.04～0.07 毫米的农用聚乙烯塑料薄膜，大棚多用 0.06～0.08 毫米的长寿无滴膜，要求抗风强度大。农用聚乙烯薄膜价格较低，单位面积用量少，抗污力强，只要维护好可使用多年，故被普遍采用。近年来,遮阳网在夏季萝卜生产中得到广泛应用,防虫网大量用于蔬菜的安全生产。

棚室外保温覆盖材料主要包括草苫(稻草苫、蒲草苫)、草帘、蒲席、纸被、棉被以及根据生产发展所开发出的化纤保温毯、不织布、保温被、聚烯烃发泡薄片,还有棉麻纺下脚料、牛羊毛、纸类的编织物和复合物等在内外表面再复合塑料薄膜的复合保温材料。主要用于温室或节能型日光温室、中小拱棚及阳畦作为外保温覆盖材料。稻草苫、草帘、蒲席是目前常用的外保温覆盖材料,应用面积大、历史悠久,可以就地取材,编织容易、成本低廉,便于推广。

地面覆盖材料常用的为 0.014 毫米厚度的聚乙烯塑料薄膜及在制膜过程中加入多种功能性助剂制成的具有保温、降温、防病、灭草、反光、转光、透气及便于作业的系列功能性特殊地膜,避免使用微膜、超微膜,以免造成白色污染。

8. 生产中使用和维护塑料薄膜的方法有哪些?

在生产中使用和维护塑料薄膜的方法主要有以下 3 种。

(1)薄膜简易除水滴法 在温室、塑料大棚蔬菜的栽培过程中,由于棚室内外温差较大,所覆盖的普通薄膜内侧常附着一层水滴,即便是无滴膜,超过一定的使用时间也会出现水滴。这些水滴严重影响棚膜的透光率,降低棚内温度。水滴滴落到蔬菜上还容易引发病害。据测定,棚膜上附着水滴后一般可使棚膜的透光率下降 20%～30%。

在购买不到专用的除水滴剂时,可用一些简易的方法除水滴。例如每平方米薄膜用 7.5～10 克细大豆粉(越细越好),加水 150 毫升,浸泡 2 小时,用细纱布滤去渣滓,然后装入喷雾器内,向薄膜内侧均匀喷雾,可使膜上的水滴很快落下来,并使薄膜在 15～20 天内不再产生新水滴。此法简便易行,省工省力,经济有效,而且对棚内作物无任何不良影响。

(2)破损薄膜修补法

①正在使用的破损薄膜修补

水补:把破损处擦洗干净,剪一块比破损洞稍大的无破损洞的薄膜,蘸上水贴在破洞上,排净两膜间的空气,按平即可。

纸补:农膜轻度破损,用纸片蘸水后趁湿贴在破损处,一般可维持 10 天左右。

糊补:用白面加水做浆糊,再加入相当于干面粉重量 1/3 的红糖,稍微加热后即可用来补膜。

缝补:质地较厚的薄膜发生破损可用质地相同的薄膜盖在上面,用细线密缝连接。

②使用前后的破损薄膜修补

热补:把破损处洗净,用一块稍大的薄膜盖住破损洞,再蒙上 2～3 层报纸,用电熨斗沿接口处轻轻烫,两膜受热熔化,冷却后便会粘在一起。

胶补:把破损洞四周洗干净,用毛笔蘸专用胶水涂抹。过 3～5 分钟后,取一块质地相同的薄膜贴在上面,胶水干后即可粘牢。

(3)贮藏薄膜新法

贮藏前先将薄膜洗净、晾干、叠好,用旧薄膜包裹起来。选择土壤干湿度适中的地方挖一个坑,然后把包裹好的薄膜放进坑内埋藏。注意,薄膜的上层离地面的距离不应小于 30 厘米。此法可避免农膜在空气中存放出现老化发脆而缩短使用寿命的问题。

9. 地膜覆盖栽培可以提高萝卜哪些商品性?地膜覆盖栽培的方式有哪几种?

地膜覆盖栽培在我国多用于早春蔬菜栽培。地膜覆盖栽培是利用塑料薄膜作为覆盖材料,进行地面或近地面覆盖的一种栽培方式。其特点是提高地温,保水保墒,免耕避草,能促进栽培作物早熟、高产。试验证明,各种蔬菜采用地膜覆盖栽培与传统的常规露地栽培相比,可减少根系的裸露促进根系的生长发育,保持土壤疏松不易板结;同时也可提高植株本身的抗逆能力,减少某些病、虫、干旱和雨涝等危害。一般平均每 667 平方米产量增加 30% 左右。我国长江中下游地区冬春萝卜的生产多采用大棚加小棚加地膜覆盖栽培,黄淮海地区、东北地区、西北地区春夏萝卜的生产,为提高地温、早播早收也多采用地膜覆盖栽培。由于地膜覆盖提高了地温且能保水保墒,所以为早春萝卜的生长发育创造了有利条件。早春萝卜的播期较露地栽培可提早 10 天左右,收获期提前 15 天左右。生产的萝卜肉质根外观好,根正皮光,营养丰富,品质优良,含水量适中,肉质细,风味好;产量高,经济效益好。具有早熟、增产、增收的良好效果。

地膜覆盖的方式主要有平畦近地面地膜覆盖栽培、小高畦沟种地膜覆盖栽培和平畦地膜覆盖栽培。

(1)平畦近地面地膜覆盖栽培 是一种操作简便、行之有效的栽培方式,普遍应用于用种子撒播没有严格行距、株距要求的蔬菜如小白菜、小油菜、水萝卜、茴香、茼蒿及其他早春小菜等。在北京郊区一般在 2 月下旬至 3 月上中旬露地直播,地膜覆盖时间为 20～30 天,4 月中下旬收获上市。覆盖小菜撤下来的地膜,还可挪到其他各种春播露地蔬菜上应用。具体做法是:土地平整后挖出田间排灌水沟、渠,按各地的耕作习惯,依据地膜的幅宽,划线做畦,做成畦埂高于栽培畦床面的平畦;在畦内施足基肥,并将肥料、畦土掺和均匀、搂平,划沟条播或撒播种子;用已准备好的过筛细土撒于床面把种子盖严,并浇足底水。为提高出苗率,可先浇底水,待水渗下后即行播种,再覆土盖严种子。然后在每个畦上按 33～67 厘米距离,横跨畦面扦插竹竿起拱(中间略高于两边),床土面距离竹竿 13～20 厘米;把地膜铺盖在竹竿上,四边拉紧并埋入畦的四面畦埂上,使地膜不会因雨、雪压垂至畦表面影响幼苗正常生长。覆盖地膜时间的长短和通风炼苗管理,要依当地、当时的具体情况而定。覆膜时间一般不超过 30 天。

(2)小高畦沟种地膜覆盖栽培 是将畦面做成具有一定高度、宽度,横切面呈拱圆状的畦垄,在畦垄两侧开沟、播种、覆土、覆盖塑料地膜于畦垄的表面,进行萝卜生产的一种栽培方式。基本做法是:在完成深耕、平整土地、挖好排灌沟渠、施足基肥、浇好底墒水的基础上,做小高畦,畦高约 20 厘米,宽 90～110 厘米,在小高畦两侧离畦边约 15 厘米处的播种行部位,开两条深 6～8 厘米、宽 10 厘米左右的播种沟,于沟内按不同品种所要求的株距进行穴播,覆土厚 1～2 厘米,然后覆盖地膜。种子发芽出苗后可在沟内生长 7～10 天;当子叶完全展开后要及时在播种部位打孔,通风炼苗,防止未经炼苗将幼苗突然引出膜外;幼苗引出膜外后将膜孔周围土埋压实,防止大风掀开,刮跑地膜。这种栽培方式适用于大、中型春夏萝卜的早春露地栽培。

(3)平畦地膜覆盖栽培 是在平畦里施足基肥,使肥、土拌和均匀,再将栽培床搂平,覆盖地膜,而后打孔播种的一种栽培方式,是地膜覆盖最简单、用工最省的一种方式,适用于早春小型萝卜的栽培。在常年干旱、少雨、阳光充足、蒸发量大的西北地区,内陆的丘陵、坡岗、山地、沙质土壤,以及水源不足、缺乏浇灌条件的地区或地块,应用平畦地膜覆盖栽培萝卜与露地栽培相比,能起到节水的作用,并较有把握地获得早熟、高产。

10. 早春地膜覆盖栽培萝卜需要注意哪些问题?

(1)通风炼苗 平畦近地面地膜覆盖时间的长短和通风炼苗的管理,视当地、当时的气候条件及不同品种的特性而定,一般真叶展开后就要通风炼苗,并逐渐加大通风量,覆膜时间最长不超过30 天。如果到收获前才撤膜,会因秧苗得不到充分的阳光和通风换气,而出现光合生产率下降,积累物质减少,导致产量低,质量较差。

（2）**防止突然撤膜** 在撤除地膜前采取逐渐加大通风量的炼苗方法，是夺取优质高产的关键措施。由于膜下气温高、湿度大，幼苗生长速度快，然而不老壮，抗逆力差，若突然撤膜，未经通风炼苗，遇低温、霜冻天气会大量死苗，造成生产损失。

（3）**防止雨、雪伤苗** 在覆膜栽培期，遇到下雨或下雪是难免的。若雨、雪后不及时检查并采取处理措施，雨水和雪积存在膜上，使地膜将幼苗压贴到畦面上，影响生长发育甚至死苗。可在畦上插一些竹竿起拱，使苗与膜间有 13～20 厘米空间隔离；或在雨、雪天气时，将积存在地膜上面的雨、雪及时清除掉；或在膜的低处和积存雨雪的地方扎洞，让雨水和雪水流入畦里，防止压膜下沉。

（4）**防风刮走地膜** 覆盖地膜后要及时把膜四周压紧埋实；将幼苗引出膜外后应立即把膜孔周围用土埋压严实，防止大风刮破、刮走地膜。

11. 地膜覆盖栽培萝卜的技术要点有哪些?

（1）**深耕细耙、整地做畦** 萝卜要求土层深厚、疏松透气，只有提供深厚的土壤耕作层，才有利于根的生长发育。深耕是非常重要的作业，要力争将土地深耕 25 厘米以上，然后细耙，做到畦土细碎，没有大土坷垃。要求畦面平整，不出现坑洼，这样才有利于将覆盖地膜紧贴在畦表面上。在此基础上，按各地的耕作习惯和种植品种的要求，整地做畦。做畦前，一次性施足优质有机肥或施入足够的缓释性复合肥，尽可能保持土壤肥力能在较长时间内供应作物需求。

（2）**品种选择、适期播种** 根据各地的气候条件和消费习惯选择品种，适期播种。地膜覆盖只是提高了地温，对植株地下部分的根系有保护作用。而对地上部分没有保护作用，不能防止低温、霜冻对植株地上部分的危害。必须选择适宜的播种时间，才能保证萝卜的安全生产。早春种植萝卜，应安排在晚霜期内播种，晚霜期过后出苗才安全。若在晚霜期内出苗,往往会因低温、霜冻危害而造成大面积死苗,耽误生产季节。播种前浇好底墒水。春季地温偏低,尤其是北方地区。一般情况下,在浇足底墒水的基础上,萝卜生长前期尽量不浇水或少浇水,以免降低地温,抑制生长。

(3)地膜要盖严、压实 若畦面凸凹不平、地膜盖得松散、播种的膜孔没有用土盖严、地膜四边埋压不实等,萝卜播种后很快就会在膜下出现杂草丛生并胀破地膜,失去地膜覆盖的作用,降低效益。因此,要求畦面土细碎、平整,没有凸凹不平的现象。地膜要紧贴畦面,四边埋压严实,播种的膜孔及破裂处均用土盖严,不产生跑气、散热情况。这样,才能达到增温、保水、保持土壤疏松、不出草荒,并能防止烫伤、烧死幼苗和避免大风吹坏、刮跑地膜,从而达到早熟、高产、稳产、多收的目的。

12. 什么是间、套、轮作?能提高萝卜的商品性吗?

间、套、轮作是把不同作物在一定时间与空间内组合在一起,科学合理地进行搭配,提高复种指数,以充分利用生长空间和时间,多层次、多茬口地进行作物生产的一种种植制度。

间作是指在一块土地上,同时在主作物的行间栽种另一种作物。这是为了充分利用气候条件,高度地利用土地面积的一种栽培方式。依据各类蔬菜品种特性,合理地掌握生物群体结构,从而有效地利用土壤和光照,以达到高产稳产的目的。

套作是将前作与后作作物的生长时间紧密地衔接起来的一种栽培方式。往往是前作作物还未收获的生长后期,于其株行间先播种下一种作物,不仅高度利用空间,而且也高度地利用时间,增加复种指数。

轮作是在同一地块上,按一定年限,轮换种植几种性质不同的作物,也称换茬或倒茬。实践证明,轮作对于防止和减轻病虫害的发生、提高土地利用率和作物商品性均有显著效果。

间、套、轮作是我国传统农业的主要耕作制度之一,是增加复种指数、提高单位面积产量、保证市场均衡供应的一项有效措施。通过间、套、轮作可以有效利用光能,改善通风透光条件,改善土壤结构,减少病虫害发生和危害,提高萝卜的商品性,产量高,效益好。但是这种耕种制度对于实现农业机械化增加了困难。随着我国农业科学技术的发展、作物栽培技术的进步和农业生产条件的改善,已不再是作物之间简单的组合,而是充分运用农业生态学原理,集现代农业的新产品、新技术、新品种于一体的重要耕作方式,科学和合理地进行作物间的搭配、组合、生产,更加注重经济效益、生态效益和社会效益。

13. 萝卜与其他作物间、套、轮作的搭配原则是什么?

一是以市场为导向,确立科学合理的作物搭配组合。最大限度地利用资源,将作物间争光、争肥、争水等方面的矛盾降至最小,减少病虫害,提高种植效益。

二是充分利用空间。萝卜植株矮小,以肥大的肉质根为产品。适宜和高秆作物、浅根作物搭配种植,还可将萝卜种植在畦埂上或在大垄沟边上点播,如萝卜和丝瓜、架豆间作,在玉米地里套作秋冬萝卜,在日光温室喜温蔬菜生产的边角插空种植等。

三是充分利用时间。根据气候条件与作物生长特性建立合理的时间结构,提高土地利用率。如春萝卜未收就可栽茄子或辣椒,当萝卜采收上市后茄子或辣椒进入开花坐果期,在同一块地上同时种植两种作物且相互不受影响。在山西省南部小麦主产区6月中旬麦收后土地闲置,7月初可种植一茬耐热抗病的夏秋萝卜,9月份萝卜收获上市后整地做畦,再播冬小麦。这样不仅充分利用了土地,还增加了农民收入,丰富了9月份蔬菜淡季市场。

14. 适合与萝卜间、套、轮作的作物有哪些？常见的模式有哪些？

合理的间、套、轮作不仅能充分利用时间和空间，还可以防止和减轻萝卜病虫害的发生。在生产过程中，应避免以十字花科蔬菜作为前茬。适合与萝卜轮作的作物有西瓜、西葫芦、黄瓜、甜瓜、马铃薯、葱蒜类等蔬菜和小麦、玉米等作物。我国萝卜品种类型极为丰富，加上近年来从国外引进许多优良品种可供选择利用，使得以萝卜为主的间、套作有多种方式，可以与蔬菜作物间套作，也可以与粮食作物间套作，将不同的作物根据其特性安排在适合的生长季节周年生产。在1年的生产季节中连续栽培多种作物，多次收获，实现多次作，最大限度地提高了菜地对光能和土地的利用率。现以长江中下游地区为代表介绍常见的间套作模式（表7至表18）。

表7 冬春萝卜—春早熟丝瓜—延秋菜豆

作　物	播种期（月/旬）	定植期（月/旬）	采收期（月/旬）
萝　卜	10/下至11/上	直播	2/下至3/中
丝　瓜	2/上至2/中	3/中至3/下	5/上至8/上
菜　豆	8/下至9/中	直播	11/上至12/中

表8 冬春萝卜—西瓜—夏芹菜—延秋番茄

作　物	播种期（月/旬）	定植期（月/旬）	采收期（月/旬）
萝　卜	10/下至11/上	直播	翌年2/下至3/中
西　瓜	2/上至2/中	3/中至3/下	5/上至6/下
芹　菜	5/上	6/下	7/下至8/中
番　茄	7/下至8/上	8/下至9/上	11/上至翌年1/上

表9 春早熟南瓜—夏萝卜—延秋番茄或菜豆

作 物	播种期(月/旬)	定植期(月/旬)	采收期(月/旬)
南 瓜	2/上至2/中	3/中	5/中至6/下
萝 卜	7/上	直播	8/下至9/上
番 茄	7/下至8/上	8/下至9/上	11/上至翌年1/上
菜 豆	9/中	直播	11/上至12/中

表10 冬芹—春大白菜—夏秋萝卜—秋冬黄瓜

作 物	播种期(月/旬)	定植期(月/旬)	采收期(月/旬)
芹 菜	7/下至8/中	10/上至11/上	12/中至翌年2/下
大白菜	2/上至3/上	3/上至3/下	4/下至5/中
萝 卜	5/下至7/下	直播	7/上至9/上
黄 瓜	8/下至9/上	直播	10/中至12/上

表11 春萝卜—夏甘蓝—延秋番茄

作 物	播种期(月/旬)	定植期(月/旬)	采收期(月/旬)
春萝卜	12/中至翌年2/中	直播	3/下至5/下
甘 蓝	4/下至5/上	5/下至6/上	7/下至8/下
番 茄	7/下至8/上	8/下至9/上	11/上至翌年1/上

表12 春马铃薯—夏芹菜—秋青菜—冬萝卜

作 物	播种期(月/旬)	定植期(月/旬)	采收期(月/旬)
马铃薯	12/上至12/下	直播	翌年4/下至5/中
芹 菜	3/上至4/上	5/中至6/下	7/中至8/上
青 菜	7/中至8/上	直播	8/上至9/下
萝 卜	8/中至9/下	直播	10/下至翌年1/下

表 13 春辣椒—夏早熟花椰菜—秋冬萝卜

作物	播种期（月/旬）	定植期（月/旬）	采收期（月/旬）
辣椒	10/中至10/下	翌年2/上至2/中	5/上至7/下
花椰菜	6/上至6/中	7/上至7/中	9/中至10/上
萝卜	9/中至10/上	直播	12/上至12/下

表 14 春樱桃番茄—夏秋萝卜—冬豌豆苗

作物	播种期（月/旬）	定植期（月/旬）	采收期（月/旬）
樱桃番茄	12/下至翌年1/上	2/下至3/中	5/上至7/中
萝卜	7/中至7/下	直播	8/下至10/上
豌豆苗	10/上至10/中	直播	11/上至翌年2/下

表 15 春厚皮甜瓜（洋香瓜）—夏生菜或香菜—秋萝卜

作物	播种期（月/旬）	定植期（月/旬）	采收期（月/旬）
甜瓜	12/下至翌年1/中	2/上至2/下	4/下至6/中
生菜或香菜	6/中	7/中,直播	8/中至9/上
萝卜	8/中至9/上	直播	10/下至11/下

表 16 小麦—春萝卜—西瓜

作物	播种期（月/旬）	定植期（月/旬）	采收期（月/旬）
小麦	10/下	直播	翌年6/中
萝卜	2/中下	直播	4/下至5/上
西瓜	4/中育苗	5/中	6～7月

表 17　莴笋/甘蓝—水稻—萝卜

作　物	播种期（月/旬）	定植期（月/旬）	采收期（月/旬）
莴笋（甘蓝）	10/下	翌年 1/上	4/中下
水　稻	3/下	5/上	9/下
萝　卜	10/上	直播	翌年 1/上中

表 18　小麦—玉米—萝卜

作　物	播种期（月/旬）	采收期（月/旬）
小　麦	10/中	翌年 6/中
玉　米	4/下	8/中
萝　卜	8/下	11/中下

六、栽培环境管理与萝卜商品性

1. 影响萝卜商品性的栽培环境有哪些?

萝卜原产温带,为半耐寒性二年生植物。萝卜的生育周期可分为营养生长和生殖生长两大阶段。营养生长期是指由种子发芽到产品器官——肉质根形成,主要进行吸收根的生长、叶器官建成和肉质根的膨大。在营养生长的中后期,营养苗端转变成了花序端,进入生殖生长期,在长日照和较高温度条件下抽薹、开花、结籽,完成一个生育周期。在整个生长发育过程中,其形态结构的发生、建成及其生理功能存在着阶段性差异和一定的连续性,不同类型、不同熟期的品种,其生育周期有一定的差异性。肉质根是萝卜的产品器官,又是营养物质的贮藏器官。所以萝卜的种植生产是以促进营养生长为主,抑制生殖生长。为获得优质高产萝卜,就必须为萝卜肉质根的生长发育创造良好的栽培环境条件。同其他栽培作物一样,影响萝卜商品性的栽培环境有温度、光照、水分、土壤及空气等。这些环境条件都不是孤立存在的,而是相互有密切联系的,并在植物的生长与发育过程中,同时发生影响。例如阳光充足,温度就随之升高;温度升高,土壤水分蒸发和植物本身的蒸腾作用也就增加。当植物的茎叶生长繁茂以后就会把土壤表面荫蔽起来,减少土壤水分的蒸发,避免表土的板结,而同时也增加了土壤表面空气的湿度,对于土壤中的空气成分及土壤微生物的活动都有不同程度的影响。当然,各种栽培措施也会影响田间的小气候。

2. 如何选择萝卜生产地的位置和环境?

萝卜商品性生产对栽培土地的选择,必须考虑到对萝卜产量和品质的影响及交通运输、生产成本、防止污染等方面。

(1)萝卜生产地位置的选择 首先要考虑到一定地域内的生产资源的合理有效配置,使在该地域内生产萝卜比从事其他种植业的经济效益要高;其次应当考虑到萝卜种植在地域内分布上的相对集中性,这样易使萝卜生产形成"大生产、大市场、大流通"的格局;同时使所选择地区的自然气候特点和萝卜生产基地产品类型的特点相吻合;还应考虑到萝卜生产地域内的道路建设状况及产品运输的条件等。

(2)对萝卜生产地环境的选择 随着工业的发展,产生的气体、粉尘、污水均会使菜田生态系统变劣。因此,近年来人们普遍重视无公害、无污染的绿色食品的生产。所以,萝卜的生产地应选择远离工业"三废"排放区,距交通要道 800 米以上,具备良好的灌排条件,灌溉用水水质尽可能达到饮用水最低标准等原则。

3. 为什么说土壤可以影响萝卜的商品性? 什么样的土壤适宜种植萝卜?

土壤是萝卜生长发育的基础。萝卜生长发育所需的水分、养分、空气等因素要通过土壤提供,根际温度、湿度、微生物活动等也受到土壤的制约,所以土壤可以影响萝卜的商品性。

萝卜对土壤总的要求是土层深厚肥沃,耕作层在 27 厘米以上,pH 值 5~8,有机质含量在 1.5% 以上,以疏松透气的壤土或砂壤土为宜。这类土壤富有团粒结构,其保水、保肥能力及通气条件比较好,耕层温度稳定,有益微生物活跃,有利于萝卜的正常生长,产品肉质根表皮光洁、色泽好,品质优良。若将萝卜种在易积水的洼地、黏土地,肉质根生长不良、皮粗糙;种在沙砾和白色污染比较多的地块,则肉质根发育不良,易形成畸形根或杈根,商品性差。

4. 为什么种植萝卜忌连作? 连作对萝卜商品性有哪些影响?

萝卜在同一块地上重复种植即叫连作。连作时由于萝卜对营养元素和矿物质的需求相似,会引起某些元素的缺乏和另一些元素的富集,导致营养成分不平衡,影响萝卜的正常生长;萝卜连作,其根系会分泌和积累一些有害物质,对有益微生物具有抑制作用,破坏土壤微环境,引发病害发生;萝卜连作会使病原菌得以侵染循环,虫源难断,加重病虫害的危害;同科同属的蔬菜作物也存在有共同的病害和虫害,常常会互相侵染和危害。所以在生产实践中,不仅不同类型、不同品种的萝卜栽培忌连作,也要避免与同科同属作物(如大白菜、甘蓝、花椰菜等)的连作。

由于连作使得土壤中适于肉质根膨大生长的养分缺乏、肥力降低,肉质根的生长发育受阻,优良的品种特性不能展现,肉质根变小、粗糙、根毛多、皮色无光泽,营养成分含量降低、风味变差;病虫害会引起肉质根黑心、腐烂,表皮有虫洞、虫沟等,严重影响其商品外观和品质,降低其商品性甚至会丧失商品价值。

5. 茬口安排的原则是什么? 适合萝卜栽培的前茬作物有哪些?

(1)茬口安排的原则 第一要因地制宜,合理利用自然气候条件;第二要根据不同萝卜品种对温度、光照的要求,安排与气候相适应的生长期;第三要考虑前后茬作物的拮抗作用,前茬尽量不选同科同属作物,以防止病虫害流行;第四要注意综合利用土壤肥力和光、温条件等。

(2)适合萝卜栽培的前茬作物 瓜类作物(西瓜、黄瓜、甜瓜等)、葱蒜类作物、豆科作物,还有大田作物小麦、玉米、水稻等。由于瓜类作物的施肥量比较大,因而土壤比较肥沃。前茬为葱蒜类、后茬栽培萝卜,有明显抑制病虫害发生的效果;还有葱蒜类是浅根系蔬菜,对土壤养分吸收能力弱,使得土壤比较肥沃。前茬为豆科作物,有固氮作用,使土壤肥力提高。这些蔬菜作物茬口,栽培萝卜有利于肉质根的生长发育,可提高产量和质量。小麦、玉米、水稻等作物为前茬,由于腾地早,有比较充足的时间晒垡、整地,可以防止和减轻萝卜病虫害的发生。

6. 土壤耕作对萝卜商品性有哪些影响? 种植萝卜为什么要深耕?

菜田土壤耕作包括耕、翻、耙、松、镇压、混土、整地、做畦等作业。耕作对萝卜的产量和品质有明显的调控作用,这主要是由于耕作使土壤耕作层加深、疏松透气、增加肥力,从而有利于萝卜产品器官的膨大生长。土壤空隙度达到20%～30%时,产品的商品性状好、外观光滑圆整、色泽美观、商品率高。在我国传统的菜田耕作体系中,深耕是非常重要的作业。深耕不仅可以加厚活土层,促进有益微生物活动,使土壤保水、保肥,增强抗旱、抗涝能力,而且有利于消灭病虫害。只有深耕细耙、保持土壤疏松,才能充分发挥肥水作用,为大、中型萝卜创造良好的根际环境条件,从而实现增产增收。栽培小型萝卜只要耕深27厘米左右即可,栽培大型萝卜要深耕33厘米以上、有的要求深耕40厘米以上,同时结合施用大量的有机肥,才能满足肉质根膨大的要求。如果土壤耕作层太浅、底层坚硬会阻碍肉质根的生长而发生杈根、畸形根,同时引起表皮粗糙,严重影响商品性状,造成减产和品质下降。因此,种植萝卜的地块必须进行深耕。

7. 春播萝卜为什么提倡冬前深耕?

冬前深耕是在秋季蔬菜收获后及时清洁田园,清除残株与杂草,在土壤尚未冻结前进行翻耕,深耕 30 厘米以上。冬前深耕可以使土壤经过冬季冰冻,质地疏松,增加吸水与保水力,消灭土壤中的虫卵、病菌孢子等,并可提高翌年春季土壤的温度。当早春土壤化冻层达 5 厘米以上时进行耙耱、镇压、保墒。这时土块易碎,无大土坷垃,便于整地、做畦、覆盖地膜,发挥地膜覆盖的优势。播种后出苗快、出苗齐,幼苗生长健壮,病虫害少,肉质根皮光色鲜,商品性状好,产量高。所以用于早春直播萝卜的菜田,一般情况下都要进行冬前深耕。

8. 播种前整地的技术要点有哪些?

(1)**深耕** 当前茬作物收获后及时耕翻土地。耕地的时间以早为好,因为耕地早,晒地或冻垄的时间长,土壤就晒得透,冻得酥,有利于土壤的风化和消灭病虫害。耕地的深度因种植的萝卜品种而异。

(2)**细耙** 经晒地或冻垡后施入基肥,然后进行旋耕、耙耱。其目的是耙碎土块、使土壤细碎,无大土块,土壤疏松;同时将基肥翻入土中,使肥、土混匀相融。

(3)**整地做畦** 将高低不平的土壤表层整平,以便提高播种及水肥管理质量。根据当地的气候、栽培季节、地势、土质、土层深浅及品种特性等采用适宜的做畦方式。降水较多的地区多用高畦,降水相对较少的地区用低畦或平畦。华北地区多采用高垄栽培。

9. 怎样确定适宜的播种期? 播种方法有哪些?

(1)**适宜的播种期** 根据当地的气候条件,结合所选择栽培品种的生物学特性,把萝卜肉质根膨大期安排在最适宜的生长季节,以此为依据来确定适宜的播种期,以达到高产优质、适时供应市场的目的。随着设施蔬菜栽培的发展、品种类型的增多,萝卜可以周年生产。播种期的选择,应按照市场的需要及品种特性来确定。同时创造适宜的栽培条件,生产出品质优良、商品性好的萝卜,丰富蔬菜供应市场。如秋冬萝卜的播期,若播种过早,天气炎热,病虫害严重;播种过晚,病虫害减轻,但生长期不足,肉质根尚未长成而天气转冷,不得不收获,也不能获得丰收。黄淮海地区以8月上中旬为播种适期。在这一范围内,也应根据当时当地的气候情况确定播种期。如果8月上中旬高温、干旱,则播种期应适当推迟。土壤肥力差、前茬为粮食作物的地块,可适当早播,以延长生长期,增加产量。地力肥沃、病虫害严重的老菜区,可适当晚播种,一方面躲避病虫害,另一方面由于地力肥沃萝卜生长速度快,生长期短些亦不会减产。生食品种应比熟食和加工用品种播种晚些,因播种期适当偏晚,肉质根生长期间经历的高温日数较少,肉质根中芥辣油含量较低,糖的含量较高,品种风味好。目前广大菜农在确定播种期时,主要以控制和减轻病毒病的发生、实现丰产和稳产为先决条件。

(2)播种方法 有撒播、条播、穴播(点播)。小型萝卜(如水萝卜、四季萝卜)生育期短、植株小、适宜密植,在生产上多采用平畦栽培,撒播为主;大、中型萝卜的播种方法以条播、穴播为主。畦作(高畦、低畦、平畦)栽培以条播为主。做法是:根据不同品种要求的行距开沟播种,然后覆土;垄作栽培多以穴播为主,依据不同品种要求的株距在垄背上按穴点播,每穴用3～5粒;撒播用种量较多,条播次之,穴播最少。播种后覆土的厚度约2厘米。播种过浅,土壤易干,且出苗后易倒伏,胚轴弯曲;播种过深,影响出苗的速度与苗的健壮。

播种时的浇水方法有先浇水再播种而后盖土和先播种后盖土再浇水两种方法。前者底水要足,上面土松,幼苗出苗容易;后者容易使土壤板结,必须在出苗前经常浇水,保持土壤湿润,才容易出苗。在实践中,应因地制宜,灵活掌握。

10. 萝卜不同生长发育期的需肥特点是什么?

萝卜从播种至收获分为发芽期、幼苗期、肉质根膨大前期和肉质根膨大盛期。总的需肥情况是发芽期少,幼苗期到肉质根生长期逐渐增多,收获前又减少。

(1)**发芽期** 从种子萌动至第一片真叶显露为发芽前期,一般4~5天;至两片基生叶展开即拉"十"字,称发芽后期。发芽期主要靠种子内贮藏的养分来维持,对土壤矿质元素吸收量很少。

(2)**幼苗期** 从拉"十字"至"大破肚"为幼苗期,此期有7~9片真叶,需15~20天。萝卜根部会出现"破肚"现象,是因为植株下胚轴开始横向生长时,新生组织不断增加,产生一种向外膨胀的压力,但是表皮、皮层的细胞未能相应地生长和膨大,因而造成外层表皮破裂。"破肚"标志着萝卜肉质根开始加粗生长,对水肥的需要量也逐渐增加。幼苗期根和叶同时生长,需要良好的土壤条件、丰富的营养供给和充足的光照。植株吸收氮、磷、钾的量以氮最多、钾次之、磷最少。

(3)**肉质根膨大前期** 从"大破肚"至"露肩"称为肉质根膨大前期。萝卜在"大破肚"之后,随着叶的增长,经20~30天,大、中型品种肉质根不断膨大,根肩渐粗于根顶,称为"露肩"。此期叶丛旺盛生长,叶面积迅速扩大,同化产物增加,根系吸收水肥能力增强。此期根系对氮、磷的吸收量比幼苗期增加了3倍,吸收的钾比幼苗期增加6倍,吸收氮、磷、钾的量以钾最多、氮次之、磷最少。

(4)**肉质根膨大盛期** 从"露肩"至肉质根形成称为肉质根膨大盛期。此期的时间长短依不同的品种类型和栽培季节的不同而不同(需10~40天)。叶丛继续生长,肉质根迅速膨大,但生长速度逐渐减慢而达到稳定状态。这个时期肉质根的生长量为肉质根总体积的 80％,氮、磷、钾的增加量也为总量的 80％以上,吸收量仍以钾最多、氮次之、磷最少。

11. 萝卜生长期内对主要营养元素的吸收特点是什么?

萝卜对土壤肥力的要求很高,在整个生长期都需要充足的养分供应。在生长初期,对氮、磷、钾三要素的吸收较慢;随着萝卜的生长,其对三要素的吸收也加快,到肉质根生长盛期吸收量最多。在不同时期,萝卜对三要素吸收情况是有差别的。幼苗期和莲座期正是细胞分裂、吸收根生长和叶片面积扩大时期,需氮较多。进入肉质根生长盛期,磷、钾需要量增加,特别是钾的需要量更多。萝卜在整个生长期中,对钾的吸收量最多、氮次之、磷最少。所以,种植萝卜不宜偏施氮肥,而应该重视磷、钾肥的施用,以促其苗壮生长,提高产量和质量。

12. 萝卜施肥的基本原则是什么?

(1)有机肥与无机肥合理施用 萝卜栽培高度集约化,要求较肥沃的土壤,除了对矿质元素含量的基本要求之外,需要有较高的有机质含量,这些有机质构成了菜田肥力的基础。增施有机肥,目的是为了改良土壤物理性状,使菜田土壤能够真正实现可持续利用。同时也是提高萝卜品质、减少产品污染的有效途径。但是有机肥中的营养元素通常都是以化合物形式存在的,肥效迟缓且肥力低。因此,在现有生产条件下,须和微生物肥、无机肥配合施用,才能提高萝卜生产水平。随着生产水平的提高和商品标准的提高,有机肥和微生物肥的施用量逐步增加,无机肥不施或少施。有机肥在施用时应充分发酵、腐熟,使其中的一些有害成分通过发酵分解掉,以减少病虫草害传播和对肉质根造成的伤害,避免产生裂根、分杈等畸形产品。

(2)**以基肥为主,并进行有效追肥** 基肥施用量一般可占总施肥量的70%左右。在地下水位较高的地区,可适当减少基肥的施用量,以避免肥效的损失。结合萝卜不同生育时期的需肥特点,可进行必要的追肥。

(3)**因地因时因苗情进行科学施肥** 根据当地不同季节的气候特点和土壤状况以及植株生长发育情况进行施肥。同时施肥与灌溉结合,可以提高肥效。为了使施肥更加合理、科学,可根据土壤中养分含量及其形态,结合植株生育期对各种元素的需求量,进行施肥量的计算,实行测土配方施肥,以达到良好的应用效果。

13. 萝卜肥料的施用方式及施肥方法有哪些?

(1)**肥料的施用方式** 有基肥和追肥两种方式。菜农的经验是"基肥为主,追肥为辅"。

①基肥 是指在萝卜播种前施入田间的肥料。基肥常以有机肥为主体,并根据其肥效成分,加入适量的化肥,在深翻土地前撒施于地表,结合耕地翻入土壤中。萝卜基肥的种类和用量因土壤的肥力、栽培品种不同而异,一般肥料用量为每667平方米有机肥2 000~2 500千克、草木灰50千克、过磷酸钙25~30千克,耕入土中,而后耙平做畦。有机肥的种类因地区不同而有区别。南方习惯用人粪尿,北方多用厩肥。粪肥要充分腐熟,以免在发酵分解过程中发热而烧伤幼苗的主根,影响萝卜的产量和品质。基肥是萝卜优质高产的营养基础,不仅供给其必需的养分,而且可以培肥和改良土壤。

②追肥 要根据萝卜在生长期中对营养元素的需要规律进行。基肥充足而生育期短的品种,可以少施或不施追肥;大、中型品种生育期长,需分期追肥。在整个生长期中,可施2~3次追肥。第一次在萝卜根部出现"破肚"现象后,这时萝卜肉质根开始加粗生长,结合浇水,追施速效肥尿素或硝酸铵等,每667平方米用量

10～20千克;在肉质根生长盛期,进行第二次追肥,再追施尿素或硝酸铵并结合施用硫酸钾,有助于肉质根膨大,每667平方米施尿素15～20千克、硫酸钾10～15千克。在追肥时要做到"三看一巧",即看天、看地、看作物,在"巧"字上下工夫,以求合理施肥,选择适宜的施肥时间。

(2)**施肥方法**　主要有铺施、条施、沟施、穴施、随水冲施。

①铺施　多用于以有机肥作为基肥使用的一种施用方法。将肥料均匀铺撒在土壤表面后结合深翻和耙糖,混入土壤耕层中。这种方法施用量大,在为作物提供养分的同时对土壤的改良作用明显。

②条施、沟施　均可有效地节省施肥量,增进肥效。条施时按照耕作习惯,将施在土壤表面的肥料通过整地混入土层中;沟施则是在开好播种沟后,将肥料施入沟中并与土混匀的施肥方法。

③穴施　是在点播时将肥料开穴施入的方法。

④随水冲施　一般用于追肥,是一种结合灌溉作业、按照水流速度、将一定量的肥料加入灌溉水中的施肥方法。进行滴灌时,在给水主管上,用一"T"形管接上施肥器,将肥料加入施肥器溶解,随水流分布到各个支管后从微孔滴流到植株周围的土壤中。

14. 萝卜生产常用的肥料有哪些?

常用的肥料有有机肥和化学肥料两大类。

(1)**有机肥**　包括人粪尿、畜粪、禽粪、饼肥及土杂肥等。

①人粪尿　有机物含量(占鲜重)50～100克/千克。含氮量为5～8克/千克,其中70%～80%的氮素呈尿素态,易被蔬菜作物吸收利用,肥效快;含磷量为2～4克/千克,含钾量为2～3克/千克。人粪尿经充分腐熟后用作基肥,适用于各种蔬菜;人粪尿与作物秸秆或其他柴草混合,经高温发酵沤制,作基肥效果更好。不要把人粪尿晒成粪干,既损失氮素又不卫生;也不要和草木灰、石

灰等碱性物质混合沤制或施用,以防氮素损失。

②畜粪 包括猪、马、牛、羊等家畜的粪便,经过充分腐熟后可用作基肥。

猪粪:有机物含量为150克/千克、氮含量为5~6克/千克、磷含量为4.5~6克/千克、钾含量为3.5~5克/千克,是优质的有机肥料。猪粪在堆积沤制过程中,不能加入草木灰等碱性物质,以避免氮素损失。

马粪:有机物含量为210克/千克、氮含量为4~5.5克/千克、磷含量为2~3克/千克、钾含量为3.5~4.5克/千克。马粪的质地粗松,其中含有大量的高温性纤维分解细菌,在堆积中能产生高温,属热性肥料。骡、驴粪的性质与马粪相同。腐熟好的马粪可作蔬菜早春育苗时温床的加热材料,也可作秸秆堆肥或猪圈肥的填充物,以增加这些肥料中的纤维分解细菌,从而加快腐熟。

牛粪:有机物含量约为200克/千克、氮含量为3.4克/千克、磷含量为1.6克/千克、钾含量为4克/千克。

羊粪:有机物含量约为320克/千克、氮含量为8.3克/千克、磷含量为2.3克/千克、钾含量为6.7克/千克。

③禽粪 是鸡、鸭、鹅、鸽粪等的总称,有机物和氮、磷、钾养分含量都较高,并含有氧化钙10~20克/千克。

鸡粪:有机物含量为255克/千克、氮含量为16.3克/千克、磷含量为15.4克/千克、钾含量为8.5克/千克。新鲜的鸡粪容易产生地下害虫,又容易烧苗,而且尿酸态氮还对蔬菜作物根系生长有害,因此必须充分腐熟后才能使用。鸡粪多用于蔬菜和其他经济作物。鸡粪等禽粪属于热性肥料。

鸭粪:有机物含量为262克/千克、氮含量为11克/千克、磷含量为14克/千克、钾含量为6.2克/千克。

鹅粪:有机物含量为234克/千克、氮含量为5.5克/千克、磷含量为5克/千克、钾含量为9.5克/千克。

鸽粪:有机物含量为 308 克/千克、氮含量为 17.6 克/千克、磷含量为 17.8 克/千克、钾含量为 10.0 克/千克。

④饼肥　包括棉籽饼、大豆饼、芝麻饼、蓖麻饼等,养分含量较高,肥效快,可作基肥或追肥。

棉籽饼:氮含量为 34.4 克/千克、磷含量为 16.3 克/千克、钾含量为 9.7 克/千克。

大豆饼:氮含量为 70 克/千克、磷含量为 13.2 克/千克、钾含量为 21.3 克/千克。

芝麻饼:氮含量为 50 克/千克、磷含量为 20 克/千克、钾含量为 19 克/千克。

蓖麻饼:氮含量为 50 克/千克、磷含量为 20 克/千克、钾含量为 19 克/千克。

⑤堆肥及土粪　一般用作基肥,每 667 平方米的用量为 5～10 吨。

堆肥:一般堆肥有机物含量为 150～250 克/千克、氮含量为 4～5 克/千克、磷含量为 1.8～2.6 克/千克、钾含量为 4.5～7 克/千克。高温堆肥有机物含量为 240～480 克/千克、氮含量为 11～20 克/千克、磷含量为 3～8.2 克/千克、钾含量为 4.7～25.3 克/千克。

土粪:氮含量为 1.2～5.8 克/千克、磷含量为 1.2～6.8 克/千克、钾含量为 1.2～15.3 克/千克。

(2)化学肥料　化学肥料有效养分含量高、速效,常用来作追肥和基肥。用于萝卜生产的主要化肥有硝酸铵、硫酸铵、磷酸二铵、过磷酸钙、尿素、碳酸氢铵、硫酸钾等。

①硝酸铵　含氮量 330～350 克/千克,肥效快,无副成分,主要用作追肥,每 667 平方米每次用量为 10～15 千克。

②硫酸铵　含氮量 200～210 克/千克,可作基肥、追肥、种肥,施后覆土或浇水,每 667 平方米每次用量为 15～20 千克。

③碳酸氢铵　含氮量 170 克/千克左右,易挥发出氨气,不宜在设施内追施,一般多作基肥深施入土壤中,每 667 平方米每次用量为 20～25 千克。

④尿素　含氮量 450～460 克/千克,可作基肥和追肥,但主要作追肥。追肥时可随水浇施,也可开沟施后覆土。每 667 平方米每次用量为 10 千克左右。

⑤过磷酸钙　有效磷含量为 120～180 克/千克,可作基肥、追肥和种肥。也可配成水溶液作根外追肥,但主要用于基肥,每 667 平方米每次用量为 25～50 千克。

⑥磷酸二铵　含氮量 160～180 克/千克、含磷量 460 克/千克左右,可作基肥、追肥,但主要作基肥,每 667 平方米每次用量为 10～15 千克。

⑦硫酸钾　含钾量 480～520 克/千克,作基肥、追肥均可,每 667 平方米每次用量为 10 千克左右。

15. 施肥不当对萝卜商品性有什么影响?

施用未腐熟有机肥或浓度过大的肥料,容易使萝卜主根损伤,引起肉质根分杈;施用追肥要适时适量,南京菜农的经验是"破心追轻,破肚追重"。在幼苗期追肥过早,易引起地上部生长过旺,造成地上部生长和地下部的生长失调,影响肉质根的正常生长发育;人粪尿、尿素或硝酸铵等施用过晚,也会使肉质根的品质变劣,造成裂根或产生苦味。因此,在施肥过程中,一定要施用充分腐熟的有机肥。作基肥时要撒施均匀,深翻入土,多旋细耙,使土肥混匀,土壤疏松、土块细碎;追肥时要合理,切忌浓度过大与离植株根部太近,以免烧根。

16. 如何进行肥料的科学组配?

科学组配肥料,对种植好蔬菜意义很大。进行肥料科学组配的方法如下。

(1)过磷酸钙与有机肥混合　二者混合施用可以提高磷肥的肥效。因为有机肥能包围在过磷酸钙外面,减少磷与土壤的接触,防止土壤对磷的固定。同时有机肥分解产生的有机酸又能溶解难溶性磷,有利于作物的吸收和利用。二者混合堆沤,还可以减少有机肥中氮素的损失,起到以磷保氮的作用。

(2)人粪尿中加过磷酸钙　人粪尿中若加入 5%～10%的过磷酸钙,不仅可以减少人粪尿中氨的挥发,而且能补充磷素营养,二者相得益彰。

(3)过磷酸钙与硫酸铵混合　二者混合施用,会形成部分磷酸一铵和硫酸钙,既能同时供给作物氮、磷两种主要营养元素,又可以部分改善这两种肥料的理化性质。

(4)过磷酸钙与磷矿粉混合　二者混合施用,过磷酸钙能保证作物前期对磷的需要,磷矿粉可满足作物旺盛生长期对磷的需要,使作物的整个生育期都不至于缺磷。

(5)有机肥料与氨水混沤　每 100 千克有机肥加氨水 3～4 千克混合堆沤,既可以减少氨的挥发,又能调节有机肥的碳氮比例,从而加快堆肥的腐熟速度。

(6)磷矿粉与硫酸铵混合　二者混合施用既能消除硫酸铵的生理酸性,又能增强磷矿粉的肥效,对作物生长发育大有好处。

(7)碳酸氢铵与尿素不能混用　尿素中的酰胺态氮不能被作物吸收,只有在土壤中酶的作用下转化为铵态氮后才能被作物利用。碳酸氢铵施入土壤后造成土壤溶液短期内呈酸性,会加速尿素中氨的挥发损失,故不能混合施用。

(8)碳酸氢铵不可与菌肥混用　碳酸氢铵会散发一定浓度的氨气,对菌肥中的活性菌有毒害作用,若混合施用会使菌肥丧失肥效。

(9)酸性化肥不可与碱性肥料混用　草木灰、石灰等碱性肥料若与铵态氮、硝态氮等酸性化肥混合施用,会发生中和反应,造成氮素损失,降低肥效。

(10)过磷酸钙不可与碱性肥料混用 过磷酸钙含有游离酸、呈酸性,而草木灰和石灰等碱性肥料含钙质较多,若二者混合施用,会引起酸碱中和,降低肥效,其中的钙会固定磷素,导致"两败俱伤"。

(11)碱性肥料不可与人粪尿混合 人粪尿中的氨遇到草木灰和石灰等碱性肥料会加速挥发,使肥效大减。

17. 光照可以影响萝卜的商品性吗? 萝卜各个生育阶段对光照有什么要求?

光照是萝卜进行光合作用的必需条件。光照的强度不仅影响到光合作用的强弱,同时也影响到植株的形态(如叶片的大小、节间的长短、茎的粗细、叶片的厚薄等),这些形态上的变化,关系到幼苗的素质、植株的生长及产量的高低。不仅气候条件如下雨、云雾等能影响到光照的强度,而且栽培条件如栽植密度、行的方向、植株调整以及间作套种等,也会影响一个田间群体的光强分布。萝卜是需要中等强度光照的蔬菜。据研究,萝卜的光补偿点为600~800 勒,光饱和点为 18 000~25 000 勒,品种间有一定的差异。潍县青萝卜密度试验结果表明,合理的群体结构,其中层叶片(指地面上 15~25 厘米叶层处)的光照强度应在光饱和点以上,下层叶片(指地面 5~15 厘米叶层处)的光照强度应在 4 000 勒以上,这是实现优质丰产的必要条件。

在营养生长时期需要较长时间的强光照,以满足光合作用的旺盛进行。如果将萝卜播种在遮荫处或过分密植而使叶片相互遮光,就会造成光照不足,导致生长衰弱,营养器官生长和发育不良,叶片变小,叶柄变长,叶色变淡,下部的叶片因营养不良而提早枯黄脱落,从而使肉质根不能充分膨大,造成外观差、品质下降、产量减少。在一定密度范围内，其产品产量随光合势的增加而提高。当密度每 667 平方米 10 000 株时，虽有较高的光合势，但因个体生长受到较大抑制，根叶比下降，总产量也降低，商品率下降。所以播种萝卜要选择开阔的菜田，并根据萝卜品种的特点及地力条件，合理密植，提高光合效率，实现优质丰产。

萝卜属长日照植物，生殖生长时期需要 12 小时以上的长日照及较高的温度条件。据观察，秋冬萝卜品种在黄淮海地区于 8 月上、中旬播种后，一般于 9 月下旬萝卜植株的苗端已由营养苗端转化为生殖顶端，停止了叶芽的分化而转为花芽分化；之后随日照缩短和温度日趋降低，生殖顶端处于半休眠状态。此时，萝卜叶片制造的大量同化产物向肉质根运输，促成了肉质根的迅速膨大。

18. 种植密度可以影响萝卜的商品性吗？根据哪些因素确定萝卜的种植密度？

合理密植是配置适当的作物群体结构，调节个体与群体的关系，可充分利用环境条件以提高产量和产品质量的有效措施。种植过稀时，容易缺苗，虽然可提高单株产量，但群体产量不高，浪费资源。此外，密度小，植株生长旺盛，肉质根膨大快，还容易产生糠心；过密时则间苗费工，苗易徒长，通风透光条件差，容易引起病虫害发生，造成萝卜肉质根品质降低和总产量下降。因此，必须根据当地的土、肥、水等条件和品种特性来确定合理的种植密度。土壤疏松，地力肥沃，水利条件好，种植品种叶丛半直立或直立，种植密度应以地上部植株的开展度来确定；土壤肥力差的地块，宜种植中小型萝卜品种，密度可大些。所选种的品种，地上部叶丛平展，种植密度应小些。种植密度的大小主要受品种特性制约。例如，秋冬萝卜不同品种的适宜株数为每 667 平方米 3 000～8 000 株，差异悬殊。合理密度的衡量标准之一是萝卜肉质根膨大盛期，叶面积指数达到 2.5～4，并有良好的田间群体结构，以保证群体有较高的光合产量;标准之二是合理的密度能保证产品有较高的商品率。

19. 萝卜不同生长阶段对温度有什么要求?

萝卜原产于温带,为半耐寒性作物。萝卜的生育周期可分为营养生长和生殖生长两大阶段,在这两个阶段中,又各划分为几个分期。营养生长期指由种子发芽至产品形成即肉质根形成。此期可分为发芽期、幼苗期、肉质根生长前期、肉质根生长盛期4个分期。不同生长期对温度的要求也不同。种子在温度2℃~3℃时开始发芽,适温为20℃~25℃;幼苗期能耐25℃左右的较高温度,也能耐-2℃~-3℃的低温,萝卜茎叶生长的温度范围比肉质根生长的温度范围广些,为5℃~25℃,生长适温为15℃~20℃;而肉质根生长的温度范围为6℃~20℃,适温为18℃~20℃。所以,萝卜营养生长期的温度以从高到低为好。前期温度高,出苗快,可形成繁茂的叶丛,为肉质根生长打好基础。后期温度渐低,有利于光合产物的积蓄和肉质根的膨大。当温度逐渐降低到6℃以下时,植株生长微弱,肉质根膨大逐渐停止,直至收获期。当温度低于-1℃~-2℃时,肉质根就会受冻。萝卜的生殖生长期根据对成株采种种株各器官生育动态的研究,可划分为孕蕾期、抽薹期、开花期、结荚期4个分期。种株根系在5℃以上可以生长,抽薹期适宜温度为10℃~12℃,开花结荚期适宜温度为15℃~21℃。

20. 不同生态类型的萝卜品种对温度的要求是否一致?

不同生态类型的萝卜品种,生长发育阶段及对环境条件的要求基本是一致的,但是适应的温度范围不一样。例如四季萝卜、冬春萝卜和夏秋萝卜类型,肉质根生长能适应的温度范围为6℃~23℃。不同类型的品种对春化反应也不同。例如春性系未经处理的种子在 12.2℃~24.6℃自然条件下就能春化;弱冬性系统萌动的种子在 2℃~4℃中处理 10 天,播种后 24~35 天即现蕾;冬性系统萌动的种子在 2℃~4℃中处理 10 天,播种后 35 天以上现蕾;强冬性系统萌动的种子在 2℃~4℃中处理 40 天,播种 60 天后现蕾。品种冬性的强弱与品种长期栽培地的环境条件有关。萝卜的商品性栽培是根据其营养生长期对环境条件的要求,选择适宜的品种,创造适宜的栽培条件,把肉质根膨大期安排在最适宜的生长季节,达到高产优质的目的。根据这个规律,我们就可以将不同类型的品种安置在不同的季节中栽培,也可以将不同类型的品种安排在不同地区栽培,以达到周年供应的目的。如冬春和春夏萝卜栽培必须选用强冬性系统的优良品种。华南、西南及长江流域种植的品种多属弱冬性系统和春性系统。

21. 怎样根据温度确定萝卜各栽培区域的适宜播期?

萝卜能适应的温度范围为 5℃~28℃,肉质根膨大适宜温度为日平均气温 14℃~18℃,昼夜温差应达到 12℃~14℃。因此,在决定萝卜播种期时,应根据当地的气候情况,使萝卜的肉质根膨大期处于温度最佳时期。如黄淮海地区秋季天高气爽,阳光充足,气候温和,有利于萝卜的生长,所以该地区露地以种植秋冬萝卜为主。北京郊区萝卜栽培多在 8 月初播种,11 月初收获,生长时间 90 天左右。幼苗期(8 月份)月平均气温 24℃左右,叶丛生长盛期(9 月份)月平均气温 20℃左右,肉质根膨大期(10 月份)月平均气温 12.5℃。生长期降水量 300 毫米左右,8 月份占 1/3。日照时数超过 700 小时。这些有利条件均适于萝卜的生长。长江中下游地区秋冬萝卜的栽培一般在 8 月中下旬播种,使幼苗能在 20℃~25℃的较高温度下生长,但不宜过早,以免幼苗期受高温、干旱、暴雨、病虫害的危害。10 月中下旬至 12 月份收获,生长期 60~120 天。故此这个地区种植的萝卜类型多,品种多。东北地区秋冬萝卜的适宜播种期一般在 7 月上中旬,在此范围内,高温干旱年份,可适当晚播;天气凉爽湿润年份,可适当早播。9 月份昼夜温差大,能促进肉质根中淀粉转化为糖类,使萝卜品质变佳,9 月中下旬萝卜收获。华南地区秋冬季节前期温度高、后期气候凉爽,较适于萝卜的生长,故品种的选择灵活性强。8 月上旬至 10 月下旬都可播种,10 月上旬至翌年 1 月份收获上市。各栽培区域的季节气候相差很大。种植春萝卜,播种适期应在 5～10 厘米地温达到 5℃～7℃时。播种过早,萌动的种子受早春低温的影响通过春化而抽薹开花,形不成经济产量;播种过晚,后期温度升高不利于萝卜肉质根发育,肉质根品质粗糙,产量下降。为了适应市场的需要、提早供应、提高经济效益,也可用大棚加小棚栽培春萝卜,这样可以提前播种 1 个月左右。

22. 萝卜不同生长阶段对水分有什么要求?

萝卜是需水量多的作物,肉质根含水量占 93%～95%,适于肉质根生长的土壤含水量为 65%～80%。水分不足时,会影响肉质根中干物质的形成,造成减产。萝卜在不同生长阶段的需水量有较大的差异。在发芽期,为了促进种子萌发和幼苗出土,防止苗期干旱造成死苗和诱发病毒病,应保持土壤湿润(土壤含水量以 80% 为宜);在幼苗期,叶片生长占优势,为防止幼苗徒长、促进根系向土壤深层发展,要求土壤湿度较低,以土壤最大持水量的 60% 为好;在叶片生长盛期,叶片旺盛生长,同时也是肉质根膨大前期,要适当控制灌水,进行蹲苗;“露肩”以后,标志着叶片生长盛期结束,肉质根进入迅速膨大期,需水量增多,只有保持土壤湿润,才能提高萝卜的商品性。如果在肉质根膨大期水分供给不足,就会形成细瘦的肉质根而降低产量。同时,还会造成侧根增多,表面粗糙,纤维硬化,味辣,糠心,使品质变劣。但是,水分过多,则不利于肉质根的代谢与生长,也会造成减产。在收获前 5～7 天停止浇水,以提高肉质根的品质和耐贮运性能。

23. 萝卜常用的灌溉方法有哪些? 灌水与施肥怎样进行结合?

灌溉系统由水源(井、河、塘、池)、抽水机械(水泵、水车)和输水渠道 3 部分构成。萝卜常用的灌溉方法有地面灌溉、喷灌和微灌。

在地面灌溉时,菜田内的渠道安排必须井井有条,主干渠和支渠配合得当,水流方向与地势特征相适应。水道畦的长度一般以 6 米左右为宜。这种灌溉方式土地利用率低,水分耗量大,劳动强度大且功效低,对整地要求质量高,但相对而言对水质的要求不太严格。

喷灌有移动式、半移动式和固定式 3 种。其工作原理有摇臂式、撞击式和涡轮式。喷灌易于按照萝卜需水量控制灌溉量、且均匀度高,可比地面灌溉节水 30%~50%。喷灌能够保持土壤结构不板结,避免菜田土壤发生次生盐渍化;同时可节约耕地 10% 以上,对整地质量要求不高。喷灌使田间气温比地面灌溉时低 2℃~3℃,而空气相对湿度则比地面灌溉高出 4%~8%。

微灌包括滴灌、微喷灌、渗灌和小管出流灌溉等方式,是以低压力的小水流向作物根部送水而浸润地面的灌溉方式。微灌能连续或间歇地为萝卜提供需要的水分,节水量大,对整地的质量要求不严格。不同萝卜类型采用不同微灌方式。四季萝卜采用微喷灌效果好,中型萝卜采用渗灌、喷灌效果好,大型萝卜可采用滴灌。如采用膜下滴灌,可使菜田田间的空气相对湿度大大降低,有利于病虫害防治。

萝卜生长期中所需营养元素的追施,一般情况下都是和浇灌结合进行的。如平畦栽培,在生长前期植株小、行间大,可将肥料撒在行间,随即灌水,肥料溶解于水;高垄栽培的追肥在垄间条施或沟施,然后浇水。在肉质根膨大盛期追肥多采用随水冲施,按照水流速度,将一定量的肥料加入灌溉水中;如采用喷灌和微灌方式浇水时,应事先在离植株根部 15～20 厘米处将适量肥料开穴施入。

24. 土壤水分供应不均匀对萝卜商品性有什么影响?

土壤水分供应不均匀可以引起萝卜裂根。肉质根开裂有纵裂或横裂,还有根头部的放射状开裂。开裂后往往引起肉质根木质化,并在开裂处产生周皮层。开裂主要是由供水不均匀引起的。如肉质根形成初期,土壤干旱,肉质根生长不良,组织老化,质地较硬;生长后期营养和供水条件好时,木质部细胞迅速膨大,使根部内部的压力增大,而皮层及韧皮部不能相应地生长而产生裂根现象。有时初期供水多,随后遇到干旱,以后又遇到多湿的环境,也会引起开裂。裂根现象不仅降低产量和品质,而且使萝卜容易腐烂、不耐贮藏。

土壤水分供应不均匀还可以引起萝卜糠心。如果萝卜在肉质根膨大初期,土壤水分较多,而膨大后期再遇干旱,容易产生糠心现象。糠心不仅使肉质根重量减轻,而且使淀粉、糖分、维生素含量减少,品质降低,影响加工、食用和耐贮性。

25. 为什么收获前 1 周要停止浇水?

肉质根的含水量占 93%～95%,表皮细嫩,肉质脆,采收时表皮容易裂开或肉质根断裂,降低商品率,减弱贮藏性能。为提高肉质根的品质和耐运输、耐贮藏性能,必须在收获前 1 周停止浇水,控制萝卜地上部的生长,利于同化产物的转化和积累,降低肉质根的含水量,使肉质根的表皮变得紧密有韧性,便于采收,减少机械损伤,提高商品率,延长贮藏时间。

26. 怎样确定萝卜的收获期？

根据品种、播种期、植株的生长状况和收获后的用途来决定。如早熟品种和中、小型萝卜品种只要充分长成，就可收获上市，否则易糠心。夏秋萝卜的收获期不十分严格，肉质根长成后即可根据市场需求陆续收获上市。冬春萝卜是重要的春季补淡蔬菜，当肉质根横径达5厘米以上、重约0.5千克时，可根据市场行情随时采收。但要注意种植品种的成熟期，避免过晚采收引起糠心。春夏萝卜品种生长期较为严格，耐老化和耐贮性较差，肉质根膨大后若延缓收获极易发生糠心，降低商品价值。所以，进入肉质根膨大期，注意保持土壤湿润，经常检查，当肉质根充分膨大未发生糠心时，及时收获。秋冬萝卜能耐0℃～－1℃的低温，如遇－3℃以下的低温，即使受冻的肉质根在天气转暖后也能够复原，但食之已有异味、品质变劣。因此，秋冬萝卜的收获适期是在气温低于－3℃的寒流到来之前。萝卜生长后期，经过几次轻霜之后可以促进肉质根中淀粉向糖分的转化，使风味品质变佳。特别是生食品种和用于贮存的萝卜，此过程尤为重要。所以，秋冬萝卜的收获期不宜过早。一般应根据天气预报来确定。收获后最好把萝卜的根顶切去，以免在贮藏过程中长叶、抽薹，消耗养分，引起肉质根糠心，降低食用价值。

七、病虫害防治与萝卜商品性

1. 影响萝卜商品性的病害主要有哪些?

影响萝卜商品性的主要病害有病毒病、霜霉病、黑腐病、黑斑病、白斑病、白锈病、炭疽病、软腐病、根肿病和青枯病等。病毒病发生普遍,是秋冬萝卜的主要病害之一,一般田块发病率在20%以上,有的田块甚至全部发病,给产量和品质造成极大损失。霜霉病和黑腐病发生也比较普遍,在适宜的条件下,可引起流行,损失也较大。黑斑病一般危害不重,但在东北、华北的部分地区有时也可造成流行。白斑病发生普遍,常与霜霉病同时发生,引起叶片早期枯死。炭疽病发病很广,各地都有发生,但以长江流域各省危害较重,主要危害白菜、萝卜、芜菁和芥菜。白锈病对油菜、萝卜的危害严重。根肿病主要发生在长江以南各省,危害萝卜等十字花科蔬菜,感病蔬菜苗期即可受害,严重时甚至造成植株死亡。成株期受害后根部肿大,随后很快腐烂,全株枯萎死亡。青枯病主要发生在南部地区。这些病害都可引起萝卜生长发育不良,影响萝卜的产量和品质,从而影响萝卜的商品性。

2. 萝卜病毒病有哪些症状? 发病条件是什么? 如何防治?

萝卜病毒病全国发生普遍,危害较重,尤其以夏秋萝卜受害最为严重。感病萝卜主要表现为心叶有明显的明脉症,并逐渐形成轻花叶型斑驳,叶片稍有皱缩,严重病株出现重花叶和疱疹叶。采种株受害则表现为植株矮化,但很少出现畸形,结荚少且不饱满。引起萝卜病毒病的病原主要是芜菁花叶病毒、黄瓜花叶病毒和烟草花叶病毒,在周年栽培十字花科蔬菜的地区,病毒能不断地从病株传到健株上引起发病。病毒可以通过蚜虫和汁液摩擦传播,使无病健株发病。芜菁花叶病毒和黄瓜花叶病毒可由蚜虫和汁液传播;烟草花叶病毒不能由蚜虫传播,只能由汁液摩擦传播。

萝卜病毒病的发病条件与萝卜的发育阶段、有翅蚜的迁飞活动、气候、品种的抗病性和萝卜的邻作等都有一定的关系。萝卜苗期植株柔嫩,若遇蚜虫迁飞高峰或高温干旱,容易引起病毒病的感染和流行,且受害严重。适于病害发生流行的温度为 28℃ 左右,潜育期 8~14 天。高温干旱对蚜虫的繁殖和活动有利,对萝卜生长发育不利,植株抗病力弱,发病较严重。目前还没有对病毒免疫的品种。但是不同的萝卜品种对病毒的抵抗力差异很大,同一品种的不同个体发病程度也不一致。十字花科蔬菜互为邻作,病毒相互传染,发病重。萝卜与非十字花科蔬菜邻作,发病轻。另外,夏、秋季节不适当的早播也常易引起病毒病的流行。

防治病毒病应采取改进栽培管理和灭蚜防病相结合的措施,并选用抗病品种。①加强栽培管理,适时播种。常发病地区或秋季高温干旱年份,萝卜要适当晚播;反之,可适当早播。②选育抗病丰产品种。各地均有一些适于当地种植的抗病丰产品种,应注意推广应用。③合理安排茬口。萝卜菜地要与大白菜、甘蓝及其他十字花科蔬菜适当远离,减少传毒机会。④彻底治蚜。苗期用银灰膜或塑料反光膜、铝光纸反光避蚜;还可选用具有内吸、触杀作用的低毒农药,如选用 40％氰戊杀螟松乳油或 40％氰戊·马拉松乳油 2 000~3 000 倍液,或 25％氰戊·乐果 1 000~1 500 倍液彻底治蚜。⑤发病初期喷洒 20％吗胍·乙酸铜可湿性粉剂 500 倍液,或 1.5％烷醇·硫酸铜乳剂 1 000 倍液,或混合脂肪酸 100 倍液,隔 10 天左右 1 次,连续防治 3~4 次。

3. 萝卜霜霉病如何识别？发病条件是什么？怎样防治？

霜霉病是萝卜重要病害之一，发生普遍，流行年份损失较大，秋冬萝卜一般比夏秋萝卜发病重。苗期至采种期均可发生。从植株下部向上扩展，最初叶面出现不规则褪绿黄斑，边缘不明显，逐渐扩大后因受叶脉限制，呈多角形灰白色病斑，大小 3～7 毫米，潮湿时病部背面生有白色霜状霉层。严重时病斑变黑紫色，叶片自下而上依次枯死。根部发病，形成灰黄色至灰褐色斑痕。茎部染病，现黑褐色不规则状斑点。种株染病，花梗和种荚多受害、稍变畸形，病部呈浅褐色不规则斑，上生白色霜状霉层。

病菌通过风、雨传播，从植株气孔或表皮直接侵入寄主，潜育期短，环境适宜时只需 3～4 天。病害在田间的扩散蔓延主要是孢子囊重复侵染的结果。病害易于流行的平均气温是 16℃ 左右，因为这一温度既有利于孢子囊的萌发侵入，也有利于侵入后菌丝体的发育。病斑发展最快的温度在 20℃ 以上，特别是在高温 24℃～25℃ 下容易发展为黄白色的枯斑。湿度对此病的发生流行比温度更为重要。高湿度有利于病害的发生和蔓延，特别在北方少雨或无雨的地区，只要田间有高湿度的小气候，也会严重发病。植株叶面结露有水膜有利于孢子萌发和侵入。此外，十字花科蔬菜连作、病原积累多，管理粗放，肥水不协调，因病毒病危害而减弱植株抗性等，均可促使霜霉病加重。

防治方法：①选用抗病品种。凡是抗病毒的品种一般也抗霜霉病。②无病株留种或种子处理。在播种前用 50％福美双可湿性粉剂或 75％百菌清可湿性粉剂拌种，用药量为种子重量的 0.4％。③合理轮作。与非十字花科作物进行隔年轮作，并应防止与十字花科作物邻作。④加强栽培管理。适期播种，不宜过早。选择高燥地块种植，低湿地采用高垄栽培。要施足基肥，合理追肥，增施磷、钾肥。间苗时注意淘汰病虫株。合理灌溉。⑤药剂防治。在发病初期或发现中心病株时,摘除病叶并立即喷药防治。如遇阴天或雾露等天气,则隔5～7天继续喷药。雨后必须补喷1次。常选用75％百菌清可湿性粉剂600倍液,或25％甲霜灵可湿性粉剂800倍液,或50％克菌丹可湿性粉剂500倍液,或64％噁霜·锰锌可湿性粉剂400～500倍液,或40％三乙膦酸铝可湿性粉剂300倍液等。

4. 萝卜黑腐病有何症状?发病条件是什么?如何防治?

萝卜黑腐病是萝卜最常见的病害之一,秋播比春播发病重,贮藏期继续发展,影响萝卜商品性。主要危害萝卜的叶和根。幼苗期即可发病,子叶出现水浸斑。轻者逐渐向真叶发展,重者枯死。成株叶片病斑在叶脉间自叶缘向内呈"V"字形延伸,叶缘变黄,叶脉变黑、呈网纹状,最后整片叶变黄干枯。病菌能通过叶脉、叶柄向茎部和根部扩展,使茎、根维管束变黑,全株叶片枯死。萝卜肉质根受侵染后外部形态无明显症状,内部先由维管束变黑、腐烂,最后成空心干腐状。黑腐病属维管束病害,横切病部,可见到黑色的维管束里溢出菌脓。由此可与缺硼引起的生理性病害相区别。田间多并发软腐病,终成腐烂状。

病菌在种子、田间病残体以及种株上越冬。种子带菌是发病的主要来源,在田间通过灌溉水、雨水及虫伤或农事操作造成的伤口传播蔓延,病菌从叶缘处水孔或叶面伤口侵入,继而形成系统侵染。一般多雨结露、平均气温在15℃～21℃时,危害较重。地势低洼、浇水过多、排水不良、早播、与十字花科蔬菜连作、中耕施肥时伤根以及虫害严重、施用未腐熟肥料均有利于病菌的传播,加重发病。贮藏期高温,也能使病害加剧发展。

防治方法:①无病株留种和种子处理。种子处理可用温汤浸种,在50℃温水中浸种20分钟,或60℃干热灭菌6小时,或用种子重量0.4%的50%琥胶肥酸铜可湿性粉剂拌种,用清水冲洗后晾干播种。药剂浸种可用50%代森铵水剂200倍液浸种15分钟,然后洗净晾干播种。②适时播种,不宜过早。③选用抗病品种。④轮作、深翻和施净肥,解决土壤带菌问题。⑤及时防治害虫,减少传病媒介。⑥药剂防治。在发病初期喷洒硫酸链霉素200毫克/升,或金霉素500毫克/升,或70%敌磺钠原粉500~1 000倍液,或50%多菌灵可湿性粉剂1 000倍液,隔7~10天1次,连续防治3~4次有一定效果。

5. 萝卜软腐病有何症状? 发病条件是什么? 如何防治?

萝卜软腐病又称白腐病。多在高温时期发生,主要危害根、茎、叶柄或叶片。苗期发病,叶基部出现水浸状,叶柄软化,叶片黄化萎蔫。成株期发病,叶柄基部水浸状软化,叶片黄化下垂。短缩茎发病后向萝卜根发展,引起中心部腐烂,发生恶臭;或从根尖的虫伤或机械伤口处侵染,开始呈水浸状,并从病部向上发展时病区发生腐烂,病健组织界限明显,病部常常渗出汁液。留种株感染后外部形态往往无异常,但髓部完全腐烂,仅留肉质根的空壳。本病维管束不变黑,以此与黑腐病相区别。

病菌主要在留种株和病残株上、土壤里越冬,成为翌年的初侵染来源。萝卜软腐病的发病与气候、害虫和栽培条件有一定的关系。该菌发育温度范围为2℃~41℃,适温为25℃~30℃。50℃经10分钟致死。耐酸碱度范围为pH值5.3~9.2,适宜pH值7.2。多雨高温天气,病害容易流行。害虫为害后造成许多伤口,也有利于病菌的侵入;同时有的害虫体内外携带病菌,是传播病害的媒介。此外,栽培条件也与病害的发生有一定的关系。高畦栽培比平畦栽培发病轻。凡施用未腐熟的有机肥料,土壤黏重,表土瘠薄,地势低洼,排水不良,大水浸灌,中耕时伤根以及植株生长衰弱等,发病均较重。

防治方法:①选用抗病品种。②加强栽培管理。最好与禾本科作物、豆类和葱蒜类等作物轮作;提倡垄作或高畦栽培,以利于排水防涝,减少发病,但盐碱地不宜采用;加强水肥管理;及时防治害虫。③药剂防治。发现病株要立即拔除,并喷药保护,防止病害蔓延。常选用硫酸链霉素 100~200 毫克/升,或氯霉素 200~400 毫克/升,或 70%敌磺钠原粉 500~1000 倍液,或 14%络氨铜水剂 300~350 倍液等,隔 10 天左右防治 1 次,共防治 1~2 次。

6. 萝卜青枯病有何症状?发病条件是什么?如何防治?

萝卜青枯病主要在南方地区发生。萝卜受害后病株地上部分发生萎蔫,叶色变淡。开始萎蔫时早晚还能恢复,数日后便不能恢复,直至死亡。病株的须根为黑褐色,主根有时从水腐部分截断,其维管束组织变褐。

病菌随病残体在土壤里越冬,成为翌年初次侵染病源。病菌由植株根部或茎基部伤口侵入,借水传播再侵染。高温高湿有利于病害流行。植株表面结露,有水膜,土壤含水较高,气温保持在 18℃~20℃,是病菌侵染的有利条件。暴风雨后病害发展快。

防治方法:①以农业措施为主,连年重病田最好与禾本科作物轮作 3 年,如与水稻轮作 1 年即可。②发现病株及时拔除。病穴撒消石灰进行消毒。酸性土壤可结合整地,每 1000 平方米掺消石灰 75~150 千克。③根据品种抗性差异,选用抗病品种。④药剂防治。发现病株要立即拔除,并喷药保护,防止病害蔓延。常选用硫酸链霉素 100~200 毫克/升,或氯霉素 200~400 毫克/升,或 70%敌磺钠原粉 500~1000 倍液。

7. 萝卜黑斑病有何症状？发病条件是什么？如何防治？

萝卜黑斑病主要危害叶片。叶面病部初生黑褐色至黑色稍隆起小圆斑，扩大后边缘呈苍白色，中间淡褐色至灰褐色病斑，直径3～6毫米，有或无明显的同心轮纹。湿度大时病斑上生淡黑色霉状物，病部发脆易碎。病重时病斑汇合，致叶片局部枯死。采种株叶、茎、荚均可发病，病斑多为黑褐色椭圆形或纵条形斑块，其上也生黑色霉状物。

病菌以菌丝体或分生孢子在病叶上存活，是全年发病的初侵染源。此外，带病的萝卜种子的胚叶组织内也有菌丝潜伏，借种子发芽时侵入根部。在南方一些地区可周年发生。在北方病菌主要以菌丝体在病残体、土表、窖藏萝卜及种子表面和留种病株上越冬，为翌年田间发病提供初侵染源。病菌分生孢子借助气流、雨水和灌溉水传播，由植株气孔或表皮直接侵染。温、湿度条件适宜，侵染后1周左右便可产生大量分生孢子，成为当年重复侵染的重要病源。该病发病适温为25℃，最高40℃，最低15℃。

防治方法：①大面积轮作。收获后及时翻晒土地，清洁田园，减少菌源。②种子消毒。用种子重量0.4％的50％福美双可湿性粉剂、40％克菌丹可湿性粉剂、50％异菌脲可湿性粉剂拌种。③药剂防治。发病初期喷施75％百菌清可湿性粉剂500倍液，或58％甲霜·锰锌可湿性粉剂500倍液，或64％噁霜·锰锌可湿性粉剂500倍液，或50％腐霉利可湿性粉剂1 500倍液，或波尔多液1：3：400等。防治该病最好在发病前开始用药，每7～10天1次，连续防治3～4次。

8. 萝卜白锈病有何症状？发病条件是什么？如何防治？

萝卜白锈病常与霜霉病并发，在全国各地均有分布，是长江中下游、东部沿海、西南湿润地区及内蒙古、吉林等地十字花科蔬菜的重要病害。危害叶、茎、花梗、花、荚果。一般发病率为 5％～10％，重病田高达 50％左右。从苗期至结荚期均有发病，以抽薹开花期发病最重。叶片被害先在正面表现淡绿色小斑点，后变黄，在相对的叶背长出稍突起，直径 1～2 毫米的乳白色疱斑即孢子堆，疱斑零星分散，成熟后表皮破裂，散出白色粉状物（即病原菌的孢子囊）。严重时病斑密布全叶，致叶片枯黄脱落。茎及花梗受害后肥肿弯曲成龙头状，上长有椭圆形或条状乳白色疱斑。被害花呈肥大畸形，花瓣变绿、似叶状，经久不凋落，不结荚，长有乳白色疱斑。病荚果细小、畸形，也有乳白色疱斑。

病菌以菌丝体在种株或病残组织中越冬，也可以卵孢子在土壤里越冬或越夏。带菌的病残体和种子是主要的初侵染源。白锈菌在 0℃～25℃均可萌发，以 10℃为适。该病多在纬度、海拔高的低温地区发生，低温年份或雨后发病重，如内蒙古、云南地区此病有上升趋势，1 年中以春、秋两季发生多。

防治方法：①轮作。与非十字花科蔬菜隔年轮作，可减少菌量，减轻发病。②选用无病种子和种子处理。从无病株上采种。可用 10％盐水选种，清除秕粒、病籽，选无病、饱满种子留种。或用 50％福美双可湿性粉剂或 75％百菌清可湿性粉剂拌种，用药量为种子重量的 0.4％。③改善和加强栽培管理。适时适量追肥，增施磷、钾肥，增强植株抗性；及早摘除发病茎叶或拔除病株，减少田间菌源，减轻病害。④药剂防治。在发病初期及时施药，重点抓住苗期和抽薹期防治。常选用 25％甲霜灵可湿性粉剂 800 倍液，或58％甲霜·锰锌可湿性粉剂 500 倍液，或 64％噁霜·锰锌可湿性

粉剂 500 倍液,或 40％琥铜·甲霜灵可湿性粉剂 600 倍液,每
10～15 天喷药 1 次,防治 1～2 次即可。亦可用 75％百菌清可湿
性粉剂 600 倍液,或 65％代森锌可湿性粉剂 500 倍液,或 50％
胂·锌·福美双可湿性粉剂 500～800 倍液,或 50％福美双可湿性
粉剂 500 倍液,或 50％克菌丹可湿性粉剂 500 倍液,或 1：1：200
波尔多液等。在病害流行时,隔 5～7 天喷药 1 次,连续喷 2～3 次。

9. 萝卜炭疽病有何症状？发病条件是什么？如何防治？

萝卜炭疽病主要危害叶片,采种株茎、荚也可受害。被害叶初
生针尖大小水渍状苍白色小点,后扩大为 2～3 毫米的褐色小斑,
后病斑中央褪为灰白色半透明状、易穿孔。严重时多个病斑融合
成不规则深褐色较大病斑,致叶片枯黄。茎或荚上病斑近圆形或
梭形,稍凹陷。湿度大时,病斑产生淡红色黏质物(即病菌分生孢
子)。

病菌以菌丝体随病残体遗留在地面越冬,或以菌丝体、分生孢
子附着在种子上越冬。还可寄生在白菜、萝卜等作物采种株上及
其他越冬十字花科蔬菜上,进行潜伏或危害。翌春温、湿度条件适
宜时,侵染春季小白菜,再经侵染夏季小白菜,直至秋季危害大白
菜、萝卜。田间由病株上的分生孢子通过雨水冲洗,溅落到邻近健
株上引起侵染。秋菜收获后病菌又以菌丝体、分生孢子随遗留地
表的病残体或在种子上越冬,为翌年提供初侵染病源。秋季高温
多雨发病重。

防治方法：①种子处理。用 50℃温水浸种 20 分钟,然后移入
冷水中冷却,晾干播种。②清洁田园。收获后及时清除病残体。
③适期早播。④药剂防治。发病初期喷洒 50％甲基硫菌灵可湿性
粉剂 500 倍液,或 50％多菌灵可湿性粉剂 500 倍液,或 25％苯菌
灵可湿性粉剂及 50％硫磺·多菌灵悬乳剂 600 倍液,每 7～8 天 1

次,连续喷洒 2～3 次。

10. 萝卜根肿病如何识别? 发病条件是什么? 如何防治?

本病主要危害根部。发病初期病株生长迟缓、矮小、黄化。基部叶片常在中午萎蔫、早晚恢复,后期基部叶片变黄枯死。病株根部出现肿瘤是本病最显著的特征。萝卜及芜菁等根菜类多在侧根上产生肿瘤,一般主根不变形或仅根端生瘤。病根初期表面光滑,后期龟裂、粗糙,易遭受其他病菌侵染而腐烂。由于根部形成肿瘤,严重影响植株对水分和矿物质营养的吸收,致使地上部分出现生长不良甚至枯死症状。但在后期感染的植株或土壤条件适合寄主生长时,病株症状轻微、不易觉察,根上的肿瘤也很小。

病菌主要以休眠孢子囊随病残体遗留在土壤中越冬或越夏。病残体和未腐熟的厩肥都可带菌,成为田间发病的初侵染源。病菌能在土中存活 5～6 年。田间传播蔓延需要通过雨水、灌溉水、地下害虫、线虫、农具等。土壤偏酸(pH 值 5.4～6.5),土壤含水率 70%～90%,气温 19℃～25℃有利于发病。9℃以下,30℃以上很少发病。在适宜条件下,经 18 小时,病菌即可完成侵入。低洼及水改旱菜地发病常较重。种子一般不带菌。植株受侵染越早发病越重。

防治方法:①实行轮作。发病重的菜地要实行 5～6 年轮作。春季可与茄果类、瓜类和豆类蔬菜轮作,秋季可与菠菜、莴苣和葱蒜类蔬菜轮作。有条件地区还可实行水旱轮作。②加强栽培管理。采用高畦栽培,并注意田间排水。勤中耕、勤除草,施用充分腐熟的有机肥,增施有机肥和磷肥,以提高植株抗病性。③改良土壤酸碱度。通过适量增施石灰调整土壤酸碱度使之变成微碱性,可以明显地减轻病害。可以在种植前 7～10 天将消石灰粉均匀地撒施土面,也可穴施。在菜地出现少数病株时,采用 15%石灰乳少量浇根也可制止病害蔓延。④药剂防治。可用75％五氯硝基苯可湿性粉剂于定苗前畦面均匀条施,每667平方米用药量约1.5千克;用75％五氯硝基苯700～1 000倍液,在田间有少量病株时浇灌植株根部有一定效果。另外,苯菌灵、代森锌、硫磺悬浮剂也有较好的防病效果。⑤太阳能消毒土壤。利用地膜覆盖和太阳辐射,使带菌土壤增温数日,可消灭部分病菌,起到减轻发病的作用。一般在高温的夏天进行,先整好地,覆盖薄膜,使土表下20厘米处增温至45℃左右,维持20天左右。但高温对土壤中的有益微生物也具有杀伤作用,所以利用太阳能消毒时,要注意土壤类型和消毒时间。

11. 怎样进行萝卜病害的综合防治?

随着萝卜种植面积扩大及品种增多,其病害发生面积和种类也明显增加,危害损失日趋严重,防治难度越来越大,已成为萝卜生产的严重障碍。随着人民生活质量的提高,人们对安全、营养、无污染的萝卜需求与日俱增,这就对萝卜病害的防治技术提出了更高的要求。因此,对萝卜病害的防治必须讲究方法和策略。萝卜病害的防治,目前以推广抗病品种和加强栽培管理、实行轮作等农业措施为主,生产上用药较少。一定的病源基数、适宜的温湿度、易感病品种、传播途径是病害发生的必备条件,缺一不可。因此,可从以下4个环节来阻止或减轻病害的发生。①降低病源基数。蔬菜收获后及时清理菜园,把病秆、枯枝、落叶集中烧毁,在深耕前每667平方米撒施石灰100～150千克;同时灌水浸泡10天左右效果更好。②降低田间湿度。合理密植,及时摘除下部老叶、病叶,增加通风透光。③选用抗病品种。④阻断传播途径。病害的传播途径有土壤、种子、昆虫、水。控制方法有土壤、种子消毒,灭虫,防止灌溉水串灌,同时及时拔除毒株(病株),控制传染源。

12. 萝卜生理病害主要有哪些？对萝卜商品性有什么影响？

萝卜生理病害主要有肉质根糠心、分杈、弯曲、开裂、黑心、表面粗糙和白锈等，以及出现苦味、辣味等，严重影响萝卜的商品性。萝卜糠心又称空心，它不仅使肉质根重量减轻，而且使淀粉、糖分、维生素含量减少，品质降低，影响加工、食用和耐贮性，致使萝卜商品性降低。萝卜的分杈、弯曲是在肉质根的发育过程中，侧根在特殊条件下发生膨大使直根分杈成 2 条甚至 3～4 条畸形根，它严重影响商品性状。肉质根开裂有纵裂或横裂，还有根头部的放射状开裂。开裂后往往引起肉质根木质化，并在开裂处产生周皮层，影响商品质。肉质根表面粗糙和发生白锈现象，对萝卜的外观品质造成一定影响。萝卜黑心是由于土壤坚硬、板结、通风不良，施用新鲜厩肥，土壤中微生物活动强烈、耗氧过多，造成根部窒息，使部分组织因缺氧而出现黑皮或黑心，降低萝卜的商品性。肉质根的辣味、苦味严重影响萝卜的内在品质。

13. 萝卜在肉质根形成时期为什么会出现糠心？如何预防？

萝卜糠心又称空心。它不仅使肉质根重量减轻，而且使淀粉、糖分、维生素含量减少，品质降低，影响加工、食用和耐贮性。糠心现象主要发生在肉质根形成的中后期和贮藏期间，由于输导组织木质部的一些薄壁细胞因水分和营养物质运输发生困难所致。最初表现为组织衰老，内含物逐渐减少，使薄壁细胞处于饥饿状态，开始时出现气泡、产生细胞间隙，最后形成糠心状态。

糠心现象受多种因素的影响。首先，糠心与品种有关。一般肉质致密的小型品种不易糠心，而肉质疏松的大型品种容易糠心。越是生长速度快、肉质根膨大快、地上部与地下部比例下降快者糠心越重;反之糠心越轻。肉质根松软、淀粉和糖含量少的品种易糠心。其次,糠心与环境条件有关。一般较高的日温和较低的夜温比较适宜萝卜的生长,不易发生糠心现象。如果日夜温度都高,特别是夜间温度高,会消耗大量的同化产物,容易引起糠心。在较短的日照条件下有利于肉质根的形成,有些品种在长日照条件下往往会出现糠心现象。在肉质根形成期间如果光照不足,同化物减少,茎叶生长受到限制,也容易发生糠心现象;如果萝卜在肉质根膨大初期土壤水分较多,而膨大后期遇高温干旱,容易产生糠心现象;如果在肉质根膨大期供肥过多,肉质根膨大过快容易产生糠心现象;如果肥水不足,地上部和地下部生长缓慢,反而不易糠心。此外,密度小时,植株生长旺盛,肉质根膨大快,容易产生糠心;密度大时不易产生糠心现象。另外,播期过早也易产生糠心现象。先期抽薹也是引起糠心的原因之一。由于抽薹后营养向地上部转移,肉质根由于缺乏营养而出现糠心现象。贮藏时覆土过干,高温干燥,湿度不够,管理不善,贮藏期过长,都能使萝卜大量失去水分而糠心。

生产上要针对以上原因采取适当措施防止糠心。另外,也可以在叶面喷肥和激素防止糠心。据研究,用 5% 蔗糖、5 毫克/升硼和 50～100 毫克/升萘乙酸混合喷施,效果较好。因此,为了防止和减轻萝卜糠心,提高萝卜的商品性和营养品质,必须从品种选择、肥水管理和贮藏环节上采取必要措施:选择适宜的栽培品种,适时播种,采取科学的肥水管理,合理施肥,均衡供水。在肉质根膨大期,要保证养分充足,保持土壤湿润。在贮藏时覆土不要干燥,保持适宜的贮藏温度和贮藏时间。

14. 萝卜肉质根的分杈、弯曲和开裂是怎样引起的?

萝卜的分杈、弯曲是在肉质根的发育过程中,侧根在特殊条件下发生膨大使直根分杈成 2 条甚至 3～4 条畸形根,它严重影响商品性状。主要是主根生长点受到破坏或主根生长受阻而造成侧根膨大所致。在正常情况下,侧根的功能是吸收养分和水分,一般不膨大,如果土壤耕作层太浅或土壤坚硬或石砾块阻碍肉质根的生长就会发生杈根。施用未腐熟有机肥或浓度过高的肥料,也容易使主根损伤,引起肉质根分杈。地下害虫咬断直根后也会引起分杈。另外,采用贮藏4~5年的陈种子或移植后主根受损也会使肉质根分杈。在生产中要加强管理,避免施用未腐熟有机肥和浓度过大的肥料。土壤要深耕晒垡,对含有较多石砾块的土壤要先进行清理后才能用于栽培萝卜。除特殊情况外,一律用新种子作为栽培用种。

肉质根开裂有纵裂或横裂,还有根头部的放射状开裂,开裂后往往引起肉质根木质化,并在开裂处产生周皮层。开裂主要是由供水不均匀引起的,特别是肉质根形成初期,土壤干旱,肉质根生长不良、组织老化、质地坚硬,生长后期营养和供水条件好时,木质部细胞迅速膨大,使根部内部的压力增大,而皮层及韧皮部不能相应地生长而产生裂根现象。有时初期供水多,随后遇到干旱,以后又遇到多湿的环境也会引起开裂。因此,防止裂根现象的有效措施,就是要在肉质根形成期间均匀供水,在萝卜生长前期遇到干旱时要及时灌水,中后期肉质根迅速膨大时则要均匀供水,防止先旱后涝。

15. 怎样预防萝卜肉质根表面粗糙和白锈现象?

萝卜表面粗糙主要发生在肉质根上。在不良生长条件下,尤其生长期延长,叶片脱落后使叶痕增多,会形成粗糙表面。白锈是指萝卜肉质根表面尤其是近丛生叶一端发生白色锈斑的现象。这是萝卜肉质根周皮层的脱落组织,这些一层一层的鳞片状脱落,因不含色素而成为白色。表面粗糙和白锈现象与品种、播种期关系较大。播种期早发生重,晚则轻;生长期长则重,短则轻。生产上应适期播种，及时采收，以避免和减轻萝卜表面粗糙和白锈现象的发生。

16. 如何防止萝卜肉质根产生辣味、苦味?

萝卜中含有芥辣油。其含量适中时萝卜风味好，含量过多则辣味加重。凡高温、干旱、肥水不足、病虫害等造成肉质根未能充分膨大，都易使萝卜中芥辣油含量增加。此外，辣味与品种也有一定关系，白萝卜比青萝卜辣味小。苦味多是由于天气炎热或偏施氮肥而磷肥和钾肥不足，使肉质根内产生一种含氮的碱性化物——苦瓜素造成的。生产上应根据其发生原因加以防治。如选择品质优良、口味适中的品种，秋播可适当推迟，高温炎热时采用遮阳网降温栽培，干旱时及时浇水，保证肥水的充足供应，施肥时注意氮、磷、钾肥的合理配比，及时防治病虫害等，创造良好的生长条件，都可以收到良好的防治效果，既能提高萝卜的产量，又能改善萝卜的品质。

17. 影响萝卜商品性的主要害虫有哪些?

影响萝卜商品性的害虫主要分为吸汁类、钻蛀类、食叶类和地下害虫 4 大类。吸汁类害虫包括蚜虫、菜蝽等，均以刺吸式口器吸取寄主汁液，使植株萎蔫、卷叶、嫩头扭曲;蚜虫为害还传播病毒病，排出的大量蜜露能引起煤污病，如不注意防治，即可造成毁灭性灾害。钻蛀类害虫主要指菜螟，以幼虫潜食叶肉或钻蛀叶柄或钻蛀生长点乃至髓部。食叶类害虫指黄曲条跳甲、菜蛾、菜青虫、斜纹夜蛾、甜菜夜蛾、甘蓝夜蛾、猿叶虫、菜叶蜂等，它们食叶成缺刻或孔洞，严重影响萝卜生长，降低产量和食用价值。地下害虫主要指为害虫态在地下的一类害虫，如萝卜蝇、地老虎、蛴螬、地蛆和蝼蛄等，为害种子和幼苗，影响萝卜的生长。

18. 蚜虫为害的特点是什么? 如何防治?

为害萝卜的蚜虫主要有萝卜蚜(又称菜缢管蚜)、桃蚜(又称烟蚜)和甘蓝蚜(又称菜蚜)。这 3 种蚜虫都属同翅目、蚜科,俗称腻虫、蜜虫、菜虱。3 种蚜虫都是世界性害虫,国内分布也很广。萝卜蚜和桃蚜国内普遍分布;甘蓝蚜是贵州和新疆的优势种,宁夏及东北的中部也有分布,在江苏、浙江、福建、云南、台湾等省虽有记载,但主要分布区在北方;江浙一带主要是桃蚜和萝卜蚜。

萝卜蚜和甘蓝蚜是以十字花科为主的寡食性害虫,前者喜食叶面毛多而蜡质少的蔬菜如萝卜、白菜等,后者偏嗜叶面光滑蜡质较多的蔬菜如甘蓝、花椰菜等。桃蚜是多食性害虫,除为害十字花科蔬菜外,还可以为害茄子、马铃薯、菠菜等。

蚜虫的成虫、若虫均吸食寄主植物体内的汁液,因其繁殖力强,往往成群密集在菜叶上,造成菜株严重失水和营养不良。集中在幼叶上时,使叶片卷缩、变黄。由于蚜虫排泄蜜露,常导致煤污病,轻则植株不能正常生长,重则致植株死亡。此外蚜虫又是多种病毒病的传播者,只要蚜虫吸食过感病植株,再移到无病植株上短时间内即可传毒发病。

防治方法:控制蚜虫为害一定要做好预防工作。蚜虫发生后由于其繁殖能力强,蔓延迅速,必须及时防治,防止蚜虫传播病毒。根据治蚜的要求,采取不同的防治措施和策略。为了直接防治蚜害,策略上重点防治无翅胎生雌蚜,一般要求控制在点片发生阶段。为了防蚜、防病,策略上要将蚜虫控制在毒源植物上,消灭在迁飞前,即在蚜虫产生有翅蚜之前防治。蚜虫的防治可采用以下措施。

农业防治:①选用抗病虫品种。萝卜中的枇杷缨等品种比较抗病虫。②合理规划布局。大面积的萝卜田应尽量选择远离十字花科蔬菜田、留种田及桃、李等果园,以减少蚜虫的迁入。③清洁田园。结合积肥,清除杂草。萝卜收获后及时处理残株败叶。结合中耕打老叶、黄叶,间去病虫苗,并立即带出田间加以处理,可消灭部分蚜虫。

物理防治:利用银色反光驱避蚜虫的习性,可采用银色反光塑料薄膜或银灰色防虫网避蚜,避免有翅蚜迁入菜田传毒。此外,还可结合银灰膜避蚜,用黄盆或黄板诱蚜,在田间扦插刷有不干胶的黄板,诱杀有翅蚜,减少蚜虫为害。

生物防治:蚜虫的天敌很多,捕食性天敌有草蛉、七星瓢虫、食蚜蝇、蜘蛛、隐翅虫等,每天每头天敌可捕食80～160头蚜虫,以虫治虫,对蚜虫有一定的控制作用。寄生蜂、蚜霉菌对蚜虫也有相当的控制力,平时应尽量少用广谱性农药,以保护天敌。也可用苏云金杆菌乳剂每667平方米600～700克喷雾,以菌治虫。

药剂防治:由于蚜虫繁殖快,蔓延迅速,必须及时防治。蚜虫体小,多种农药都有防除效果。常选用40%氰戊·杀螟松乳油、40%氰戊·马拉松乳油2 000～3 000倍液,或25%氰戊·乐果1 000～1 500倍液,或21%氰戊·马拉松(增效)乳油3 000～4 500倍液,或50%抗蚜威可湿性粉剂2 000倍液,或40%乐果乳油1 000倍液,或20%氰戊菊酯乳油2 000～3 000倍液,或20%甲氰菊酯乳油3 000倍液,或25%溴氰菊酯3 000倍液等药剂喷雾。因蚜虫多着生在心叶及叶背皱缩处,药剂难以全面喷到,所以喷药时要周到细致,特别注意心叶和叶背面要全面喷到,而且在用药上尽量选择兼有触杀、内吸、熏蒸三重作用的农药。

19. 菜螟为害的特点是什么? 如何防治?

菜螟别名萝卜螟、甘蓝螟、白菜螟、剜心虫、钻心虫等。属鳞翅目、螟蛾科,是世界性害虫。国内大部分省、直辖市都有分布,南方各省发生比较严重。菜螟主要为害萝卜、大白菜、甘蓝、花椰菜、油菜、芜菁等十字花科蔬菜。尤其是秋播萝卜受害最重,白菜、甘蓝次之。菜螟是一种钻蛀性害虫,为害蔬菜幼苗期心叶及幼苗,受害幼苗因生长点被破坏而停止生长或萎蔫死亡,造成缺苗断垄,以致减产。

菜螟每年发生的世代数由南向北逐渐减少。主要以老熟幼虫在避风向阳、干燥温暖土里,吐丝缀合土粒和枯叶,结成丝囊在内越冬。也有少数以蛹越冬。菜螟的发生与环境条件有着密切的关系。一般较适宜于高温低湿的环境条件。秋季能否造成猖獗为害,与这一时期降水量、湿度和温度密切相关。据武汉市农业科学研究所资料,平均气温在 24℃ 左右、空气相对湿度 67% 时有利于菜螟发生。如气温在 20℃ 以下;空气相对湿度超过 75% 幼虫可大量死亡。菜螟幼虫喜为害幼苗,据调查 3～5 片真叶期着卵最多。因此,萝卜 3～5 片真叶期与菜螟幼虫盛发期相遇,发生为害最严重。此外,地势较高、土壤干燥、干旱季节灌溉不及时,都有利于菜螟的发生。

防治方法:①农业防治。深耕翻土、清洁田园,消灭部分越冬幼虫,减少虫源;合理安排茬口,尽量避免连作,以减少田间虫源,减轻为害;适当调节播种期,尽可能使 3～5 片真叶期与菜螟幼虫盛发期错开,如南方可适当延迟播种;在间苗定苗时,及时拔除虫苗;在干旱年份,早晨和傍晚勤灌水,增大田间湿度,既可抑制害虫,又可促进菜苗生长,可收到一定的防治效果。②化学防治。此虫是钻蛀性害虫,喷药防治必须抓住幼虫孵化期和成虫盛发期进行。可采用 90% 晶体敌百虫 1 000～1 500 倍液,或氰戊·马拉松(增效)、40% 氰戊菊酯乳油 6 000 倍液,或 20% 甲氰菊酯乳油、2.5% 联苯菊酯乳油 3 000 倍液,或 2.5% 氯氟氰菊酯乳油 4 000 倍液,或 20% 氰戊·杀螟松乳油 2 000～3 000 倍液,或 10% 氰戊·马拉松乳油 1 500～2 000 倍液。可每隔 7 天喷 1 次,连喷 2～3 次,效果都较好。

20. 黄曲条跳甲为害的特点是什么？如何防治？

黄曲条跳甲别名菜蚤子、土跳蚤、黄跳蚤、狗虱虫、黄曲条菜跳甲、黄条跳甲。属鞘翅目，叶甲科。是世界性害虫，也是萝卜的主要害虫。成虫、幼虫均可为害。成虫常咬食叶片造成小孔，并可形成不规则的裂孔。尤以幼苗受害最重。刚出土的幼苗，子叶被吃后整株枯死，造成缺苗断垄。在留种地主要为害花蕾和嫩荚。幼虫只为害菜根，常将菜根表皮蛀成许多弯曲的虫道，咬断须根，使叶片由外向内发黄萎蔫而死。萝卜受害，造成许多黑色蛀斑，最后变黑腐烂。各地均以春、秋两季发生严重，北方秋季重于春季。湿度高的菜田重于湿度低的菜田。

防治方法：①农业防治。清洁田园，消灭其越冬场所和食料基地，控制越冬基数，压低越冬虫量；播前深耕晒土，创造不利于幼虫生活的环境条件，并兼有灭蛹作用。②药剂防治。常选用90%晶体敌百虫1 000倍液，或50%辛硫磷乳油1 000倍液，或21%氰戊·马拉松（增效）4 000倍液。大面积喷洒，可防治成虫。防治成虫可由菜田的四周喷起，以免成虫逃到相邻田块。幼虫为害严重时也可用上述前两种药剂灌根。萝卜出苗后20～30天，喷药杀灭成虫。

21. 菜粉蝶为害的特点是什么？如何防治？

菜粉蝶又叫菜白蝶、白粉蝶，其幼虫称菜青虫。属鳞翅目，粉蝶科。华东、华南、华中、西南、华北及西北的南部受害较重。菜粉蝶幼虫食叶为害。初龄幼虫在叶背啃食叶肉，残留表皮、呈小型凹斑。3龄以后吃叶成孔洞或缺刻，严重时仅残留叶柄和叶脉；同时排出大量虫粪，污染叶面和菜心，使蔬菜品质变坏，并引起腐烂，降低蔬菜的产量和质量。

菜青虫发育的最适气温为20℃～25℃，空气相对湿度76%左右,与甘蓝类蔬菜发育所需温湿度接近。因此,在北方 4～6 月份、秋季 8～10 月份两茬甘蓝大面积栽培期间,菜青虫的发生形成两个高峰。夏季由于高温干燥及甘蓝类栽培面积的大量减少,菜青虫的发生也呈现一个低潮。

防治方法:①农业防治。在十字花科蔬菜收获后及时清除残枝老叶,以消灭田间残留的幼虫和蛹。②生物防治。可采用细菌杀虫剂,如国产苏云金杆菌乳剂或青虫菌六号液剂,通常采用 500～800 倍稀释浓度。③生理防治。可采用昆虫生长调节剂、又名昆虫几丁质合成抑制剂,如国产除虫脲或灭幼脲 20％或 25％胶悬剂 500～1 000 倍液,但此类药剂作用缓慢,通常在虫龄变更时才使害虫致死,应提早喷洒。为此,这类药剂常采用胶悬剂的剂型,喷洒后耐雨水冲刷,药效可维持 15 天以上。④药剂防治。可选用 50％辛硫磷乳油 1 000 倍液,或 10％氯氰菊酯乳油、20％氰戊菊酯乳油 2 000～3 000 倍液,或 2.5％溴氰菊酯乳油 3 000 倍液,或 2.5％氯氟氰菊酯乳油 5 000 倍液,或 10％联苯菊酯乳油 10 000 倍液,或 21％氰戊·马拉松(增效)4 000 倍液,或 20％氯·马乳油 3 000 倍液,或 5％氟虫腈乳油 3 000 倍液。

22. 小菜蛾为害的特点是什么? 如何防治?

小菜蛾别名小青虫、方块蛾、两头尖。属鳞翅目,菜蛾科。南北方均有分布,初龄幼虫仅能取食叶肉,留下表皮,在菜叶上形成一个个透明的斑,农民称为“开天窗”。3～4 龄幼虫可将菜叶食成孔洞和缺刻,严重时全叶被吃成网状。在苗期常集中于心叶为害,影响包心。在留种菜上,为害嫩茎、幼荚和籽粒,影响结实。

防治方法:①农业防治。合理布局,避免与十字花科蔬菜周年连作,以免虫源周而复始;蔬菜收获后,要及时处理残株败叶或立即翻耕,可消灭大量虫源。②物理防治。小菜蛾有趋光性,在成虫发生期,每 6 670 平方米设置一盏黑光灯,可诱杀大量小菜蛾,减少虫源。③生物防治。采用细菌杀虫剂苏云金杆菌乳剂,对水500～1 000倍,可使小菜蛾幼虫大量感病死亡。④化学防治。由于小菜蛾常年猖獗,发育期短,世代数多,农药使用频繁,抗药性发展极快,已成为此虫化学防治的一大难题。药剂可选用除虫脲及灭幼脲制剂500～1 000倍液,或5%氟啶脲2 000倍液,或5%氟虫腈胶悬剂3 000倍液,或10%氯氰菊酯乳油3 000倍液,或2.5%溴氰菊酯乳油2 000～3 000倍液,或25%喹硫磷乳油2 000倍液,或氟虫脲2 000倍液,或4.5%高效顺式氯氰菊酯乳油3 000倍液,对抗性菜蛾都有较好效果,并且持续时间长。对于小菜蛾的化学防治,切忌单一种类的农药常年连续地使用,特别应该注意提倡生物防治,减少对化学农药的依赖性。必须用化学农药时,一定做到交替使用或混用,以减缓抗药性产生。

23. 斜纹夜蛾为害的特点是什么? 如何防治?

斜纹夜蛾别名莲纹夜蛾、莲纹夜盗蛾。属鳞翅目,夜蛾科。国内分布广,是一种食性很杂和暴食性害虫。幼虫食叶、花蕾、花及果实,严重时可将全田作物吃光,以致毁种。在甘蓝、白菜上可蛀入叶球、心叶,并排泄粪便,造成污染和腐烂,使之失去商品价值。

长江流域多在7～8月份大发生,黄河流域多在8～9月份大发生。成虫夜间活动,飞翔力强。成虫有趋光性,并对糖醋酒液及发酵的胡萝卜、麦芽、豆饼、牛粪等有趋性。卵多产于高大茂密、深绿的边际作物上,以植株中部叶片背面叶脉分权处最多。初孵幼虫群集取食,3龄前仅食叶肉,4龄后进入暴食期,多在傍晚出来为害。斜纹夜蛾的发育适温为29℃～30℃,因此各地在7～9月份为害严重。

防治方法:①农业防治。蔬菜收获后深翻土壤,使大量虫、蛹暴露在地面或遭机械创伤而死。②诱杀成虫。结合防治其他菜虫,可采用黑光灯或糖醋盆等诱杀成虫。③药剂防治。3龄前为点片发生阶段,可结合田间管理,进行挑治,不必全田喷药。4龄后夜出活动,因此施药应在傍晚前后进行。药剂可选用10%氯氰菊酯乳油2 000~3 000倍液,或5%氟虫腈胶悬剂3 000倍液,或5%氟啶脲2 000倍液,或氰戊·马拉松(增效)6 000~8 000倍液,或2.5%氯氟氰菊酯乳油5 000倍液,或2.5%联苯菊酯、20%甲氰菊酯乳油3 000倍液,或40%氰戊菊酯乳油4 000~6 000倍液,或20%氰戊·马拉松乳油2 000倍液,或4.5%高效顺式氯氰菊酯乳油3 000倍液,或20%虫酰肼胶悬剂2 000倍液等。10天1次,连用2~3次。

24. 猿叶虫为害的特点是什么?如何防治?

猿叶虫有大猿叶虫和小猿叶虫两种。猿叶虫的成虫别名叫龟壳虫,幼虫别名肉虫。均属鞘翅目,叶甲科。在我国南方,两种危害都严重,常混合发生。在北方以大猿叶虫发生较多。猿叶虫为寡食性害虫,主要为害十字花科蔬菜。其中以大白菜、萝卜、芥菜等受害重,甘蓝、花椰菜很少受害。猿叶虫的成虫和幼虫均可为害叶片。初孵幼虫仅啃食叶肉,形成许多凹斑痕。大幼虫和成虫食叶呈孔洞和缺刻,严重时仅留叶脉。

防治方法:①农业防治。秋、冬季结合积肥,清除田间枯叶残枝,铲除菜地附近杂草,这样可除去部分越冬虫源和早春害虫食料。也可利用成虫在杂草中越冬习性,在田间或田边堆集杂草,诱集越冬成虫,然后收集烧毁。②人工捕捉。利用其假死特性,于清晨用浅口容器承接于叶下,容器中可盛水或稀泥,然后击落虫体,集中杀死。③药剂防治。可选用10%氯氰菊酯乳油2 000~3 000倍液,或25%杀虫双水剂500倍液,或杀虫单粉2 000倍液,或5%氟虫腈乳油3 000倍液,或25%氰戊·辛硫磷乳油1 000倍液,或50%辛硫磷乳剂1 000倍液,或90%敌百虫可溶性粉剂、晶体敌百虫1 000倍液。防治幼虫还可用后两种药剂灌根。

25. 菜叶蜂为害的特点是什么？如何防治？

为害十字花科蔬菜的菜叶蜂在我国已知有 5 种，主要以黄翅菜叶蜂分布最广。黄翅菜叶蜂别名油菜叶蜂、芜菁叶蜂。属膜翅目，叶蜂科。黄翅菜叶蜂主要为害芜菁、萝卜、白菜、甘蓝、花椰菜、油菜、芥菜等十字花科蔬菜。幼虫为害叶片，把叶吃成孔洞、缺刻。在留种株上，可食花和嫩荚，少数可啃食根部。大发生时，如防治不及时，几天之内可造成严重损失。幼虫早晚活动取食，有假死习性。每年春、秋季呈两个发生高峰，以秋季 8～9 月份最为严重。

防治方法：①耕翻土壤。可以机械杀死一部分越冬虫茧。②药剂防治。菜叶蜂幼虫对药剂较为敏感，易于防治，一般杀虫剂的常规使用浓度都有效。可选用 10％氯氰菊酯乳油 2 000～3 000 倍液，或 25％杀虫双水剂 500 倍液，或杀虫单粉 2 000 倍液，或 5％氟虫腈乳油 3 000 倍液，或 25％氰戊·辛硫磷乳油 1 000 倍液等。

26. 菜蝽为害的特点是什么？如何防治？

菜蝽别名斑菜蝽、花菜蝽、姬菜蝽、萝卜赤条蝽等。属半翅目，蝽科。菜蝽的寄主是十字花科蔬菜，其中受害最重的是甘蓝、萝卜、芥菜、油菜。菜蝽的成虫和若虫均以刺吸式口器吸食寄主植物的汁液，特别喜欢刺吸嫩芽、嫩茎、嫩叶、花蕾和幼荚。它们的唾液对植物组织有破坏作用，并阻碍糖类的代谢和同化作用的正常进行。被刺处留下黄白色至微黑色斑点。幼苗子叶期受害严重者，随即萎蔫干枯死亡；受害轻者，植株矮小。在抽薹开花期受害者，花蕾萎蔫脱落，不能结荚或结荚籽粒不饱满，使菜籽减产。菜蝽身体内外还能携带十字花科蔬菜细菌性软腐病的病菌。5～9 月份为成虫和若虫的主要为害时期。

防治方法：①农业防治。冬耕和清理菜地，可消灭部分越冬成虫。②人工摘除卵块。③药剂防治。以防治成虫为上策，其次是防治若虫。可选用21％氰戊·马拉松（增效）乳油4 000～6 000倍液，或2.5％溴氰菊酯3 000倍液，或50％氰戊·辛硫磷乳油3 000倍液，或20％氰戊菊酯乳油4 000倍液，或90％晶体敌百虫1 500～2 000倍液等。

27. 地老虎为害的特点是什么？如何防治？

地老虎分小地老虎、大地老虎和黄地老虎，别名土蚕、地蚕、切根虫、夜盗虫。属鳞翅目，夜蛾科。寄主为各种蔬菜及农作物幼苗。为害特点是幼虫将蔬菜幼苗近地面的茎部咬断，使整株死亡，造成缺苗断垄，严重的甚至毁种。

防治方法：①农业防治。早春清除菜田及周围杂草，并带到田外及时处理或沤肥，消灭部分卵或幼虫。②诱杀成虫。利用黑光灯或糖醋液诱杀成虫。糖醋液的配比为糖6份、醋3份、白酒1份、水10份、90％敌百虫1份。或用泡菜水加适量农药，在成虫发生期设置，均有诱杀效果。此外，如甘薯、胡萝卜、烂水果等发酵变酸的食物加入适量药剂，也可诱杀成虫。③诱杀幼虫。可用毒饵或堆草、泡桐树叶诱杀幼虫。毒饵诱杀：先将饵料麦麸、豆饼、秕谷等5千克炒香，然后用90％敌百虫30倍液150毫升拌匀，适量加水，拌潮为度，每667平方米施用1.5～2.5千克，在无风闷热的傍晚撒施效果最好。也可用40％乐果乳油10倍液或其他杀虫剂拌制饵料。堆草诱杀：在菜苗定植前，选用灰菜、刺儿菜、苦荬菜、苜蓿等杂草堆放诱集幼虫，或人工捕捉，或拌入药剂毒杀。泡桐树叶诱杀：将比较老的泡桐树叶用水浸湿，每667平方米均匀放置70～80片叶，翌日晨人工捉拿幼虫。④药剂防治。地老虎1～3龄幼虫期抗药性差，且暴露在寄主植物或地面上，是药剂防治的适期。可选用90％敌百虫800倍液，或50％辛硫磷800倍液，或21％氰戊·马拉松（增效）8 000倍液，或2.5％溴氰菊酯3 000倍液，或10％氯氰菊酯乳油1 500～3 000倍液，或20％氰戊菊酯

3 000 倍液,或 20％氰戊·马拉松乳油 3 000 倍液等。⑤人工防治。发现地老虎为害根茎部、田间出现断苗时,可组织人力,于清晨拨开断苗附近的表土捕捉幼虫,连续捕捉几天也可收到较好的效果。

28. 蛴螬为害的特点是什么？如何防治？

蛴螬俗称白地蚕、白土蚕、地狗子等,是金龟子幼虫的别称。属鞘翅目、鳃金龟科。各地普遍发生。蛴螬主要取食植物的地下部分,尤其喜食柔嫩多汁的各种蔬菜苗根,咬断幼苗的根、茎,可使蔬菜幼苗致死,造成缺苗断垄。近年来,由于禁用有机氯农药等原因,蛴螬在地下害虫中已上升为首位,发生普遍,虫口密度也很大。

防治方法：①加强预测预报。由于蛴螬为土栖昆虫,生活、为害于地下,具隐蔽性,并且主要在作物苗期猖獗,一旦发现严重受害,往往已错过防治适期。为此,必须加强预测预报工作。②农业防治。深秋或初冬翻耕土地,可减轻翌年的为害。合理安排茬口,如前茬为豆类、花生、甘薯和玉米,常会引起蛴螬的严重为害。避免施用未腐熟的厩肥,合理施用化肥,化肥中的碳酸氢铵、腐殖酸铵、氨化过磷酸钙等散发出的氨气对蛴螬有一定驱避作用。蛴螬发育最适宜的土壤含水量为 15％～20％,如持续过干或过湿(合理灌溉),则使其卵不能孵化,也可将幼虫致死。③药剂防治。可选用 50％辛硫磷乳油 1 000 倍液,或 25％增效喹硫磷乳油 1 000倍液,或 40％乐果乳油 1 000 倍液,或 30％敌百虫乳油 500 倍液,或 80％敌百虫可溶性粉剂 1 000 倍液喷洒或灌杀。

29. 地蛆为害的特点是什么？如何防治？

地蛆是花蝇类的幼虫,别名根蛆。为害萝卜的地蛆有萝卜蝇和小萝卜蝇两种。属双翅目、花蝇科。萝卜蝇和小萝卜蝇仅为害十字花科蔬菜,以白菜和萝卜受害最重。在萝卜上幼虫不仅为害表皮,造成许多弯曲通道,还能蛀入内部造成孔洞,并引起腐烂,失去食用价值。小萝卜蝇多由叶柄基部向菜心部钻入并向根部啃食,根、茎相接处受害更重。小萝卜蝇从春天开始为害蔬菜,秋季常与萝卜蝇混合发生。但小萝卜蝇只发生在局部地区,数量不多,为害也不重。

防治方法:①农业防治。有机肥要充分腐熟,施肥时要做到均匀深施,种子和肥料要隔开。也可在粪肥上覆盖一层毒土,或粪肥中拌一定量的药剂。此外,秋季翻地也可杀死部分越冬蛹。②药剂防治。在成虫发生初期开始喷药,用2.5%敌百虫粉剂,每667平方米1.5~2千克;用90%晶体敌百虫原粉800~1000倍液,或80%敌敌畏乳油1500倍液,每隔7~8天喷1次,连喷2次。药要喷在植株基部及周围表土上。已发生地蛆为害的,可用80%敌敌畏乳油1000倍液,或90%晶体敌百虫原粉800倍液,装在喷壶(除去喷头)或喷雾器(除去喷头片)中进行灌根。

30. 蝼蛄为害的特点是什么? 如何防治?

别名拉拉蛄、地拉蛄、土狗子、地狗子。属直翅目,蝼蛄科。在我国发生的主要有非洲蝼蛄和华北蝼蛄两种。非洲蝼蛄又叫小蝼蛄,华北蝼蛄又叫大蝼蛄。成虫、若虫都在土中活动,咬食刚播下的种子和幼芽,或将幼苗咬断,使幼苗枯死,受害的根部呈乱麻状。由于蝼蛄的活动将表土窜成许多隧道,使苗土分离,致使菜苗失水干枯而死,造成缺苗断垄。在温室、温床、苗圃内,由于气温高,蝼蛄活动早,加之幼苗集中,受害更重。

防治方法:①农业防治。在深秋或初冬翻耕土地,使蝼蛄暴露于地表被冻死、风干或被天敌啄食。合理安排茬口,避免用未腐熟的有机肥。合理灌溉。②灯光诱杀。利用蝼蛄趋光性强的习性,在有电源的地方,设置黑光灯诱杀成虫。③马粪诱杀。利用蝼蛄对马粪的趋性,在田间挖30厘米见方、深约20厘米的坑,放入湿润的马粪和草,每天清晨捕杀成虫。④毒饵诱杀。将饵料如麦麸、豆饼等 5 千克炒香,用 30 倍液的 90%敌百虫 150 克拌匀,加适量水拌潮,每 667 平方米用毒饵 1.5～2.5 千克。⑤人工挖窝灭虫、卵。早春根据蝼蛄可在地表造成虚土堆的特点,查找虫窝。发现虫窝,挖到 45 厘米深即可找到蝼蛄。或夏季在蝼蛄产卵盛期查找卵室,先铲去表土,发现洞口,往下挖 10～18 厘米可找到卵,再往下挖 8 厘米左右可挖到雌虫,将雌虫及卵一并消灭。⑥药剂拌种。可用 50%辛硫磷乳油或 40%乐果乳油,按种子重量的 0.3%拌种。

31. 病虫害综合防治的主要策略是什么?

(1)**注重生态平衡**　在制定防治措施时应考虑整个自然界环境的可持续性发展,认清作物与有害生物是一个不可分割的自然现象,不能只局限于治理有害生物,要依据人、作物、有害生物三者之间的相互作用、相互制约,创造有利于作物生长发育、有利于天敌控制有害生物的生态条件,而对人类长期生存的环境基本无影响。

(2)**正视有害生物的存在**　自然规律要求人类必须正视强势有害生物的合理存在,这是它们在与人类共同争夺物质资源中的抗争结果。人类只要保证、满足自己在获取这些资源的主导地位,最明智的策略就是使用最方便、经济的手段,设法把有害生物的数量控制在较低的水平以下,让自然天敌去帮助人们征服这些顽固存在的有害生物,并为天敌提供相互依赖的生存条件,更有利于发挥可持续发展的生态平衡作用。

(3)**强调各种综合防治措施的协调**　治理有害生物的技术措施有很多,通常情况下,使用单一措施不可能有效控制危害,这是由于自然界的优胜劣汰法则起作用,适者生存,每一种方法都有其优点的一面,也有其缺点的一面。综合防治措施的实质是选择几种最为适当的防治措施,弥补、协调单一的防治措施中的某些不足,并优化各种控制有害生物的自然致死因子,协调农业措施防治、物理防治、病虫害的预测预报和生物防治与化学防治等多项技术措施。

(4)倡导综合效益 在蔬菜病虫害防治中强调全盘考虑经济效益、生态效益、社会效益,控制追求短期经济效益,制定保证产品质量、允许作物的受损经济阈值的操作规程和标准化生产技术,控制有害生物的最低经济成本和防治措施实施后可获取的最大经济效益,还应尽量减少产品中的农药残留和对环境的污染。

32. 病虫害综合防治的主要措施有哪些?

(1)植物检疫 这是法规预防性措施。根据国家颁布的法令和条例,通过检疫措施对蔬菜及其产地或到达地进行检疫检验,防止危害性病虫杂草随商品蔬菜及其产品传播蔓延。发现带有被确定为检疫对象的有害生物时,即采取禁止、限制运输及出入境等防范措施。

(2)农业防治 利用农业生产中的各种管理手段和栽培技术,通过对蔬菜作物生态系统的调整,创造有利于蔬菜生长发育和有益生物生存繁殖而不利于病虫害发生的环境条件,从而避免或减轻病虫害。选用优良品种及配套栽培技术,做到良种良法,充分发挥其抗性和丰产综合性能,可显著地减轻病虫害的发生,有利于蔬菜的高产优质,这是防治病虫害最经济有效的方法。目前,萝卜的抗霜霉病、病毒病品种已较普遍得到应用。改进栽培方式,加强管理,控制露地、温室、大棚等的生态条件,如改良土壤、深耕细作、合理密植、地面覆盖、深沟高畦、微灌或暗灌以及通风降湿、高温闷棚消毒等措施都可减轻病虫害发生。

(3)生物防治 就是利用天敌生物或其代谢物控制蔬菜病虫害的发生和繁殖,减轻或避免病虫害的危害。最新的生物防治技术还包括利用合成的昆虫辐射不育昆虫信息激素等控制有害生物的方法。①以菌治病。利用有益微生物与病原物之间的拮抗作用达到控制和防治病虫害的目的。一批农用抗生素已在蔬菜病虫害防治中得到广泛应用,如菜丰宁防治十字花科软腐病,EM原露防治蔬菜病害都取得了较好的效果。②以菌治虫。如苏云金杆菌、白僵菌、绿僵菌可防治小菜蛾、菜青虫;昆虫病毒如甜菜夜蛾核型多角体病毒可防治甜菜夜蛾,棉铃虫核型多角体病毒可防治棉铃虫和烟青虫,小菜蛾和菜青虫颗粒体病毒可分别防治小菜蛾和菜青虫,阿维菌素类抗生素、微孢子虫等原生动物也可杀虫。③利用昆虫天敌治理害虫。如用赤眼蜂防治菜青虫、小菜蛾、斜纹夜蛾、菜螟、棉铃虫等鳞翅目害虫,草蛉可捕食蚜虫、粉虱、叶螨等多种鳞翅目害虫卵和初孵幼虫,丽蚜小蜂可防治白粉虱;捕食性蜘蛛和螨类防治螨类;瓢虫、食蚜蝇、猎蝽等也是捕食性天敌。

(4)物理机械防治 利用物理因子和机械作用减轻或避免有害生物对蔬菜作物的危害,称为物理机械防治。物理因子包括温度、湿度、光、放射性、激光等。①设施防护。保持设施的通风口或门窗处罩上防虫网,夏季覆盖塑料薄膜、防虫网和遮阳网,可避雨、遮阳、防病虫侵入。②诱杀。利用害虫的趋避性进行防治。如黑光灯可杀300多种害虫,频振式杀虫灯既可诱杀害虫又能保护天敌,悬挂黄色黏虫板或黄色机油板诱杀蚜虫、粉虱及斑潜蝇等,糖醋液诱杀夜蛾科害虫,地铺或覆盖银灰膜或银灰拉网、悬挂银灰膜可驱避害虫等。③臭氧防治。保护地利用臭氧发生器定时释放臭氧防治病虫害。

(5)化学防治 具有高效、快速、易于大面积防治等优点。为保障萝卜高产、优质,化学防治无论是现在还是将来,在综合防治中仍占重要地位。蔬菜上常用的使用方法有喷雾法、喷粉法、撒施和沟施、穴施、种子处理、灌浇法、熏蒸法、毒饵法。使用化学农药是防治蔬菜病虫害的有效手段,特别是病害流行、虫害暴发时更是有效的防治措施,关键在于要科学合理地用药,既要防治病虫害,又要减少污染,把蔬菜中的农药残留量控制在允许的范围内。

正确选用药剂。根据病虫害种类、农药性质,采用不同的杀菌剂和杀虫剂来防治,做到对症下药。所有使用的农药都必须经过农业部农药检定所登记,不要使用未取得登记和没有生产许可证的农药,特别是无厂名、无药名、无说明的伪劣农药。禁止使用高毒、高残留农药,选用无毒、无残留或低毒、低残留的农药。①选择生物农药或生化制剂农药,如苏云金杆菌、白僵菌等。②选择特异昆虫生长调节剂农药,如氟啶脲、氟虫脲、除虫脲、灭幼脲等。③选择高效低毒低残留农药,如敌百虫、辛硫磷、炔螨特、甲基硫菌灵、甲霜灵等。④在灾害性病虫害造成毁灭性损失时,才选择中等毒性和低残留的农药,如敌敌畏、乐果、氰戊菊酯、21%氰戊·马拉松(增效)、敌磺钠等。

八、采收和采后处理与萝卜商品性

1. 采收期对萝卜商品性有什么影响?

萝卜的采收期要根据品种、播种期、植株生长状况和收获后的用途而定。当肉质根充分长大时就可随时采收,供应市场。采收期的长短要依据种植品种的成熟期及市场需求灵活掌握。如冬春萝卜、春夏萝卜是主要的春、夏季补淡蔬菜,当肉质根横径达 5 厘米以上、单根重达 0.5 千克左右时,就可根据市场行情随时采收。这茬萝卜虽然产量不是很高,但产值不低,能增加农民收入,丰富市场。秋冬萝卜栽培是秋季播种,初冬收获。这个季节温度由高到低,是萝卜的最佳栽培季节,生产的萝卜品质优良,商品性好,产量高,是重要的冬贮蔬菜。采收期要根据当地的气候条件和品种特性来确定,适期收获。收获过早,肉质根还未充分膨大,气温高,易脱水糠心,产量低且积累的干物质较少,营养成分含量低,风味差,品质低劣;收获过晚,生育期过长,肉质根组织衰老速度加快,容易引起糠心,同时还容易受冻。糠心不仅使肉质根重量减轻,而且使淀粉、糖分、维生素含量减少,品质降低,影响加工、食用和耐贮性。秋冬萝卜的收获适期是在气温低于 $-3℃$ 的寒流到来之前。

2. 萝卜采收后会有什么生理变化?

萝卜采收后仍然是有生命的个体,进行着旺盛的生理活动,主要表现在呼吸作用和蒸腾作用。由于萝卜收获后已离开了原来的栽培环境和生长的母体,呼吸作用所需要的原料只能依赖本身贮存的有机物和水分,待体内有机物和水分消耗到不能正常维持生理活动时,就会出现各种生理失调现象。萝卜的商品性就会有明显的变化,表现为肉质根失水萎蔫、糠心、腐烂等。

萝卜不同品种之间呼吸强度有差异。一般晚熟品种的呼吸强度高于早熟品种,这是因为晚熟品种生长期较长,体内积累的有机物质相对较多。夏季收获的萝卜比秋、冬季节收获的呼吸强度大,这是因为夏季的温度较高所致。影响萝卜呼吸作用的因素有品种、发育年龄、成熟度等内在因素和贮藏期间温度、气体成分、空气相对湿度、机械损伤与病虫害等环境因素。

萝卜采收后由于不断地蒸腾脱水引起的最明显现象是失重和失鲜。失重即"自然损耗",包括水分和干物质的损失,其中失水是主要的。失鲜是质量方面的损失。随着蒸腾失水,萝卜在形态、结构、色泽、质地、风味等各方面发生变化,降低萝卜的食用品质和商品品质。影响蒸腾作用的决定因素是贮藏条件,主要指空气的温度、相对湿度和流速。温度高会加强空气的吸水力,加速萝卜蒸腾失水;空气相对湿度越高,萝卜蒸腾失水越慢。贮藏中,萝卜因蒸腾作用而使周围空气的湿度接近于饱和。这时如空气静止,空气中水分仅靠扩散向湿度低处移动,速度较慢;如空气流动,则高湿度空气不断被吹走,随之而来的是较干燥的空气,萝卜周围经常保持着较大的饱和差,就会加强蒸腾作用。风速越大,萝卜越易失水萎蔫。所以,贮藏管理要注重温度和湿度的调节,贮藏场所不宜通风过度。对贮藏的萝卜进行适当的覆盖或包装,是减轻蒸腾失水的有效措施。

3. 萝卜采收后怎样处理?

为保证萝卜商品品质和提高萝卜流通中的质量,采收后需要进行整理、分选、包装、预冷等商品化处理。

将萝卜肉质根从土中拔起或挖出后要做以下的处理:第一,要进行整理,剥去泥土。用于就近上市或装车运输供应市场的萝卜,切去叶片,可保留少量叶柄;用于贮藏的萝卜,用刀将叶和茎盘削去。第二,分级、筛选同时进行。在分选过程中,剔除分杈、裂根、弯曲、黑斑及有破损和病虫害的萝卜。根据不同的消费群体及市场需求,按萝卜肉质根的长短、粗细进行分级,一般分为精品和普通级,做到优质优级,优级优价,减少浪费,方便包装和运输。第三,清洗、包装。一般的萝卜多用化纤编织袋包装,装袋时从下往上将清洗后的萝卜朝同一个方向整齐平放;面向超市和用作精品的萝卜先用网状套套在萝卜中段,再用纸箱包装。第四,预冷。为减少运输中的损失,提高保鲜率和商品品质,将经过整理包装的萝卜进行机械预冷处理,其目的是迅速除去田间热和呼吸热。如果不通过预冷进行长途运输,很快便会失水萎蔫、腐烂变质、降低商品率。机械预冷是在一个经适当设计的绝缘建筑(即冷库)中借助机械冷凝系统的作用,将库内的热传到库外,使库内的温度降低并保持在有利于延长贮藏寿命的范围内。其优点是不受外界环境条件的影响,可以长时间维持冷藏库内需要的低温。冷库内的温度、空气相对湿度以及空气的流通都可以控制调节,以适于萝卜冷藏时的需要。预冷时,将整理过的萝卜搬入冷库,以水平方式堆码,堆码的层数不宜过高、一般以5层为宜。无论是袋装,还是尚未包装的产品,在冷库堆放时都应成列、成行整齐排列,每两行或两列之间要留有30厘米左右的间隙以便于观察和人工操作及气流交换。通常情况下,使萝卜的中心温度达到 $2^\circ\text{C} \sim 4^\circ\text{C}$、表面温度达 -2°C 的预冷时间大约需要8小时。经过预冷的萝卜,就可倒装在专用的运输车辆上,尽快运往销售目的地。如果不是直接装车运走,应在冷库条件下贮藏,冷库应保持 $0^\circ\text{C} \sim 3^\circ\text{C}$ 的温度、90%~95%的空气相对湿度。如果贮藏温度保持不当,萝卜出库时会变黄、有斑点。

4. 萝卜贮藏的原理是什么?

采收后的萝卜,由于切断了其养分供应来源,只能利用组织细胞内部贮存的营养来进行生命活动,也就是主要表现为分解作用——呼吸。呼吸作用直接、间接地联系着各种生化过程。肉质根含水量高、营养丰富、组织脆弱,易受机械损伤而引起有害微生物的侵染造成腐烂。萝卜贮藏保鲜的目的,在于尽量减少自然损耗和腐烂损耗,保持新鲜萝卜的品质(形态、色泽、营养和风味等)。自然损耗是指由于生理活动使萝卜的重量、外观、营养成分等在贮藏中发生变化而造成的损耗。腐烂损耗是指由于有害微生物活动引起腐烂变质而造成的损耗。

呼吸作用是植物体中所发生的重要生理功能之一。呼吸作用不是孤立的,它是整个机体代谢的中心。贮藏保鲜的一切技术措施,应当是以保证它们正常呼吸作用的进行为基础。萝卜贮藏保鲜时,首先要选择遗传性上耐贮藏和抗病的品种,并且采前的外界因素使其耐贮性、抗病性得到充分的表现。适时采收,采后要控制环境条件,主要是为了保持其耐贮藏性和抗病性。萝卜贮藏的原理是根据萝卜采后的生理特点,维持萝卜缓慢而又正常的生命活动,延缓衰老,保持新鲜萝卜的品质(形态、色泽、营养和风味)。

5. 萝卜贮藏的技术要点有哪些?

我国南方气候温暖,萝卜可露地越冬,随时可供应新鲜产品,贮藏不很普遍;而在长江沿岸及北方冬季严寒地区,必须在上冻前收获贮藏,以供冬、春季节市场需要。可见,萝卜的贮藏工作既是生产的延续,又是生产的补充。萝卜的冰冻点是$-1.1℃$,最适宜的贮藏温度为$1℃\sim3℃$,空气相对湿度$85\%\sim90\%$,土壤湿度为$12\%\sim15\%$。所以,在不同地区要采用相应的贮藏方法。贮藏技术要点如下。

(1)**选用耐贮品种** 不同萝卜品种之间的耐贮性、抗病性的差别很大,贮藏萝卜以秋播的皮厚、肉质较紧密、质脆、含糖多的品种为宜。地上部比地下部长的品种较好,绿皮品种比红皮品种和白皮品种耐贮藏,一般晚熟品种比早熟品种耐贮、抗病。

(2)适期晚播晚收　用于贮藏的萝卜应适当晚播,延迟收获,在不受霜冻的情况下,应尽量晚收为宜。北京地区一般在 10 月中下旬、山东地区一般在 10 月下旬至 11 月上旬、河南地区在 10 月中旬至 11 月中旬收获。在当地轻霜后收获较为适宜。萝卜一般在肉质根充分膨大、基部已"圆腚"、叶色转淡并开始变为黄绿色时采收。

(3)收后晾晒预贮　萝卜在贮藏前要先经晾晒,使其体内的一部分水分蒸发,增加表皮组织的韧性和强度。晾晒要恰到好处,干燥的晴天水分蒸发快,晾晒的时间不能超过半天,至外部叶片发软即可。若不经过晾晒就贮藏,因含水量高,质地脆嫩,肉质根容易折断损伤,并且呼吸作用强,引起窖内温度增高,加之水分多、湿度大,很容易腐烂变质。收获时,如窖温和气温较高,可在窖旁及田间预贮,拧去缨叶,堆积在地面或浅坑中并覆盖一层细湿的薄土或覆盖菜叶进行遮光降温,防止失水及受冻,待地面开始结冻时入窖。

(4)精挑细选入窖　为避免腐烂,挑选肉质根表皮光滑、无病虫伤害及机械伤害的萝卜入窖。为了防止发芽和腐烂,入窖前萝卜要去缨。去缨的方法可以拧去叶子,留下带有生长点的茎盘;也可以用刀将叶和茎盘削去,并沾些新鲜草木灰。注意不要使肉质根受损伤,以免在贮藏中病菌从伤口侵入而引起腐烂。

(5)注意通风换气　萝卜的贮藏一般采用层积法、堆积法或假植。由于萝卜之间摆放较紧密,呼吸作用产生的热量不易散发,特别在贮藏前期,气温还比较高,萝卜容易发热腐烂。因此,在贮藏前期要注意通风换气,适当覆盖,以降温为主。随着气温不断下降,应逐渐缩小通风口面积,缩短或改变通风时间,同时逐渐加厚覆盖物,以保温为主。覆盖和通风除了起调节温度的作用外,还有调节贮藏场所内部空气相对湿度和气体成分的作用。

6. 萝卜的主要贮藏方式有几种? 各有什么特点?

萝卜的主要贮藏方式有埋(沟)藏、窖藏、假植贮藏等,这些都是利用自然气温和土温来调节和维持较适宜的贮藏温、湿度和气体条件,通称为简易贮藏。此外还有通风贮藏库、冷库等具有固定式建筑结构的贮藏场所,它们有较完善的通风系统和隔热结构,在库内装置有机械制冷设备,可以随时提供所需的低温,不受地区、季节的限制。目前,萝卜贮藏保鲜的方法不少,其目的都是保持适宜而稳定的温度、湿度和气体条件,在一定程度上降低其生理代谢作用和抑制有害微生物的活动。因此,应了解各种贮藏方式的基本特点,结合实际情况灵活运用。

(1)埋(沟)藏　萝卜埋(沟)藏是利用稳定的土壤温度、潮湿阴凉的环境,以减少萝卜蒸腾作用,保持其新鲜状态。埋(沟)藏时,先在地面挖沟,将萝卜堆放在沟内或与湿润的细沙土分层堆码于沟内,然后根据天气的变化,分次进行覆土。覆土厚度以可抵挡寒冷、不使萝卜受冻为宜。

贮藏沟应设在地势高、水位低而土质保水力较强的黏性土壤地块为好,通常东西延长,将挖起的表土堆在沟的南侧,起遮荫作用。底土较洁净,杂菌少,供覆盖用。贮藏沟的宽度、深度和长度要根据当地的气候条件、贮藏的数量而定。宽度一般为 1～1.5米,沟过宽会增大气温的影响,降低土壤的保温作用。深度应比当地冬季的冻土层深些,从南方往北方逐渐加深。沟越深,保温效果越好降温则越困难,埋(沟)藏后易发热;沟过浅会遭受冻害。北京地区冻土层厚不足 1 米,贮藏沟深度多为 1～1.2 米。沈阳地区冻土层厚为 1～1.2 米,沟深为 1.6～1.8 米。由北向南,沟深渐减,济南约 1 米,开封、徐州一带约 0.6 米。为了掌握土温情况,可在沟中间设一竹(木)筒,内夹温度计,以便及时了解萝卜贮藏沟内温度。沟的长度由贮藏数量来决定。一般深 1 米、宽 1 米、长 4 米的沟,可贮藏萝卜 800 千克左右。沟的四壁要削平。在黏性土壤中,贮藏沟的四壁应垂直,沟底要平。

沟开好后,将选好的萝卜放入沟内埋藏,一般采用层积法。萝卜头部朝上,一个挨一个排靠在沟中,并用土填充空隙、覆盖萝卜,覆盖厚度以 5 厘米左右为宜。码好一层后,再码第二层,一般码 3 层为好。顶层表面应在冻土层以下。这样埋(沟)藏,能使萝卜在较长的时期保持较多的水分,不糠心。覆土后,将多余的土堆在贮藏沟的南侧以遮荫。随着外界气温的下降,应不断地增加盖土,每次覆土厚度以 15～20 厘米为宜。当气温骤然下降时,要及时盖土。在贮藏期间要保持沟内适度潮湿,这样可贮藏到翌年 3 月份。

埋藏方法简便,不需要任何设备,成本最低。在田间或空地上都可挖沟埋藏,贮藏结束便可拆除填平,不影响农田使用。

(2)窖藏 贮藏窖有多种形式,其中以棚窖贮藏最为普遍。棚窖可自由进出,便于检查产品,也便于调节温度、湿度,贮藏效果较好。我国南北方各地都有应用。

棚窖建造时,先在地面挖一长方形窖身,窖顶用木料、玉米秸秆、稻草和土覆盖。根据入土深浅可分为半地下式和地下式两种类型。较温暖的地区或地下水位较高处多用半地下式,寒冷地区多用地下式。半地下式棚窖一般入土深 1～1.5 米,地上堆土墙高 1～1.5 米。地下式棚窖入土深 2.5～3 米。棚窖的宽度在 2.5～3 米的称作"条窖",4～6 米的称作"方窖"。窖的长度视贮藏量而定,但也不宜太长,为便于操作管理,一般长为 20～25 米。窖顶的棚盖用木料、竹竿等作横梁,有的在横梁下面立支柱,上面铺成捆的秸秆,再覆土踩实,顶上开设若干个窖口(天窗),供出入和通风之用。窖口的数量和大小应根据当地气候和贮藏的蔬菜种类而定。一般大小为 0.5～0.8 米见方,间距 2.5～3 米。大型的棚窖常在两端或一侧开后窖门,以便于萝卜下窖,并加强贮藏初期的通风降温作用,天冷时再堵死。

(3)**假植贮藏** 这是将田间生长着的萝卜连根拔起,然后紧密有序地放置于有保护设置的场地——阳畦或苗床,使其处在极其微弱的生长状态、保持鲜嫩品质、推迟上市时间的一种贮藏方式。这种方式一般适宜于秋种冬收的萝卜贮藏。假植的方法可分为埋根和不埋根两种。埋根假植时,将萝卜紧密地竖放在深6~10厘米的南北走向的小沟里,再用土将根埋没。采用这种方法贮藏时,萝卜仍处在生长的状态下,能够吸收较多的水分,贮藏后的品质仍然较好。不埋根假植时,将萝卜一棵紧挨一棵地囤在阳畦或苗床内,既不挖沟,也不埋土。这种方法贮藏的萝卜数量比较多,用工也比较省。同时,在根部附近形成了较大的空隙,有利于空气流通,可以降低菜堆中的温度。但是,与埋根假植相比,菜堆内的温度不够稳定,而且吸水能力弱,贮藏后的萝卜品质稍差。假植贮藏的萝卜只假植一层,不能堆积,株行距还应留适当通风空隙,覆盖物与萝卜表面也要留有一定空隙,以便透入一些散射光。土壤干燥时还需浇水,以补充土壤水分的不足,同时也有助于降温。在贮藏后期天气严寒时,要做好防寒工作,以免萝卜受冻。防寒的方法是在阳畦的北端设立风障或直接覆盖萝卜。

采用假植贮藏,可使萝卜继续从土中吸收一些水分,补充蒸腾的损失;有时还能进行微弱的光合作用,使叶片中的养分向食用部分(肉质根)转移,改进产品品质,提高商品性。

(4)**通风库贮藏** 这是北方地区常用的方法,具有贮量大、管理方便等特点。与棚窖相比,通风贮藏库有较为完善的隔热建筑和较先进的通风设备,操作比较方便。有地上式、半地下式和地下式3种类型,应根据当地地形、地势、地下水位的高低选用通风库类型。建筑材料可因地制宜,现在一般用砖石和钢筋水泥建造固定式建筑,因此通风贮藏库也称固定窖。通风库同棚窖一样,也是利用空气对流的原理,引入外界的冷空气吸收库内的热能再排出库外而起到降温作用。但它具有较完善的通风系统和隔热结构,降温和保温效果比棚窖大大提高,可以长期使用,且为发展夏季蔬菜贮藏提供了基本条件。

7. 影响萝卜耐贮性的环境因素有哪些?

萝卜的贮藏环境条件主要指温度、湿度和气体成分,此外机械伤害也会影响萝卜的耐贮性。对各种环境条件,不仅要注意它们的单独影响,尤其需要重视各种环境的综合影响。贮藏期间,萝卜和各种病原微生物总是处在同一环境之中。理想的贮藏环境应该是:既有利于延缓萝卜耐贮性、抗病性的衰降,又有利于抑制有害微生物的活动。

(1)温度 控制贮藏温度的原则是在保证萝卜正常代谢不受干扰破坏的前提下,尽量降低温度并力求保持其稳定。萝卜最适宜的贮藏温度为 $1℃\sim3℃$。温度升高,萝卜的呼吸作用、蒸腾作用、水解作用和后熟衰老作用等都加强,并且缺氧呼吸的比重也增大,不利于贮藏;温度下降过度,则会使萝卜遭受冻害。经常变动温度对萝卜和微生物的新陈代谢都有刺激促进作用,还会引起空气相对湿度的变动,不利于贮藏。所以,在贮藏期间要求低温并保持稳定。

(2)湿度 空气相对湿度的高低,一方面影响到萝卜的蒸腾作用,另一方面影响到微生物的活动。确定贮藏湿度,要同时考虑到温度。贮藏温度较高时,空气相对湿度不宜过高,以免有害微生物活动猖獗。贮藏适温在 $0℃$ 左右时,微生物的活动已受抑制,空气相对湿度可高些,以便更好地防止萝卜肉质根因蒸腾失水萎蔫疲软。空气相对湿度以 $85\%\sim90\%$ 为宜。

(3)气体成分 萝卜肉质根的细胞间隙大,具有较高的透气性,并能忍受较高浓度的二氧化碳。据报道,二氧化碳浓度高达 8% 时,对贮藏的萝卜也无伤害现象。因此,萝卜适于埋藏。改变普通空气的组分,适当降低氧气分压或适当增高二氧化碳分压,都有降低萝卜呼吸强度、延缓后熟衰老等作用。同时控制氧气和二氧化碳二者的含量,可以获得更好的效果。二氧化碳浓度过高,萝卜进行缺氧呼吸,释放出乙醛、乙醇等物质,会引起一系列有害影响,如风味恶化、变质等。氧气和二氧化碳之间有拮抗作用,这点在气调贮藏中确定气体组成及比例时很重要。

(4)机械伤害 有外伤和内伤之分。外伤指开放性创伤,直接破坏萝卜表面保护组织结构,加速内部组织的气体交换,增强呼吸作用和蒸腾作用,并为有害微生物入侵开放了大门。内伤指由挤压、碰撞等造成的损伤,使细胞不能进行正常的新陈代谢,甚至组织死亡,从根本上丧失了对有害微生物的抵抗性。收获时造成的伤口,在适宜条件下能自然愈合。鉴于机械损伤的严重危害性,从采收到贮藏管理的各个环节,应注意避免或减少机械损伤,并尽量减少倒动次数。

8. 贮藏温度对萝卜商品性有什么影响?

贮藏期间的温度,直接影响着萝卜采收后的新陈代谢和各种病原微生物的活动。萝卜在贮藏期间生命活动最明显的表现是呼吸作用。呼吸作用不是孤立的,它是整个机体代谢的中心。呼吸是在许多复杂的酶系统参与下,经由许多中间反应环节进行的生物氧化还原过程,把复杂的有机物逐步分解为简单的物质,同时释放出能量。萝卜的呼吸基质主要是糖和淀粉。当体内有机物和水分消耗到不能正常维持生理活动时,就会出现各种生理失调现象,蔬菜商品性就会有明显的变化,如萎蔫、褪色、腐烂等。所以,在贮藏中要求尽量降低萝卜的呼吸强度,以减少呼吸基质的消耗。影响萝卜呼吸的因素,除品种特性外,在环境因素中,温度的调节很重要。在一定范围之内,温度升高,酶系统活性加强,呼吸强度增高,呼吸基质的消耗加快,引起萝卜肉质根糠心和变味,这种影响在 5℃～35℃范围内最为明显。高温的不利之处还在于随着贮藏萝卜呼吸作用的加强,会强化缺氧呼吸过程,使缺氧代谢产物积累过多,导致萝卜品质劣变,影响贮藏寿命。由于温度的高低与各种生理生化反应的速度高度正相关,所以温度对衰老及变质败坏的影响至关重要。适当的低温可以降低呼吸强度,减少呼吸基质的消耗,控制糠心,延长萝卜的贮藏寿命。温度越接近于适宜的贮藏低温效果越好,但不能低于冰点温度($-1.1℃$),以免产生冻害失去食用价值。

9. 贮藏湿度对萝卜商品性有何影响?

萝卜含水量高达 90%～95%。水是萝卜的重要成分和维持细胞正常生长所必需的物质。萝卜在整个生命期间都在进行着水分蒸腾。在田间生长期间,蒸腾丧失的水分可从土壤中得到补偿。收获后水分来源中断,萝卜就会萎蔫、疲软、皱缩,失去新鲜状态。由此会给萝卜贮藏带来一系列的影响,如蒸腾脱水导致糠心,而且也增大自然损耗。据报道,萝卜在低温高湿中损耗率为 2.01%,在高温中湿中损耗率为 9.09%,在低温中湿中损耗率为 5.3%,在高温低湿中损耗率为 12.17%。可见增高湿度对减少萝卜的贮藏损耗十分重要。如果空气相对湿度相同,则贮藏温度越高损耗越大。例如空气相对湿度为 82%,10℃ 时损耗率达 9.09%;温度降至 5℃ 则仅损耗 5.3%。因为直根类蔬菜的皮层虽厚,但缺乏含有蜡质、角质等成分的表面保护层,保水力弱,容易蒸腾脱水。所以贮藏根菜类必须保持低温高湿的条件,通常是温度为 0℃～3℃,空气相对湿度约 95%。

萝卜在湿润的环境中,才能充分保持组织的膨压而呈新鲜状态。对于某些皮厚、干物质含量多、肉质致密的萝卜品种,在贮藏时用湿润的土壤覆盖或与湿沙层积即可;萝卜的大多数品种,特别是生食用的萝卜沟藏时,常常需要向沟内洒水,以增加土壤湿度。洒水的次数和数量,依据萝卜的品种、土壤的保水力以及干湿程度而定,一般要求土壤湿度为 $12\%\sim15\%$。洒水前应先将覆土平整踩实,洒水均匀使之缓慢地下渗,保持土壤均匀湿润。洒水时切忌底层积水导致萝卜腐烂。

10. 贮藏期间光照对萝卜商品性有何影响?

除假植贮藏萝卜外,其余的贮藏方法在萝卜贮藏期间的管理都是避光的。因为光照会使温度升高,从而导致呼吸作用增强、湿度降低,对萝卜的贮藏保鲜不利。萝卜贮藏沟或贮藏窖及通风库等场所一般都设立在地势高燥、通风良好背光的地方,在贮藏沟或贮藏窖的南侧设置荫障,遮蔽直射阳光,以利降温和保持低温。假植贮藏是把萝卜密集假植在阳畦或苗床内,使萝卜处于极其微弱的生长状态,保持正常的新陈代谢过程,实质上是一种抑制生长的贮藏方法。采用假植贮藏,萝卜继续从土中吸收一些水分,补充蒸腾的损失;覆盖物与萝卜之间保持一定的空隙层并留通风口,或只作稀疏的覆盖,以便能透入一些散射光,萝卜还能进行微弱的光合作用,使叶片中的养分向食用部分转移,可以较长期地保持新鲜的品质,延长贮藏时间。

11. 贮藏期间进行通风为何能提高萝卜的商品性? 如何进行通风?

萝卜在贮藏期间要求低温高湿。在不引起生理损害的情况下,应尽可能降低贮藏温度,通过低温来抑制萝卜的呼吸作用,把呼吸强度降低到最小程度,以减轻蒸腾失水;调节萝卜的呼吸作用能改变环境的气体成分,自发形成一个气调环境,有利于贮藏。温、湿度的调节和保持都是通过通风散热的方式来进行的,随时排除植株体内释放的呼吸热,才能保持贮藏环境温度的相对稳定。同时通风加速空气流动,可以调节贮藏环境中的空气成分,减缓植物体的新陈代谢和抑制微生物的活动,延长萝卜贮藏时间和保持商品质量。所以,贮藏场所要留有通风口或配备通风设备,在贮藏期间进行合理的通风换气可以提高萝卜的商品性。

在贮藏前期气温较高,加之萝卜呼吸作用较强,应以通风换气降温为主;随着气温的下降,逐渐减小通风量,以保持适宜的温、湿度环境为主。

12. 影响萝卜耐贮性、抗病性的因素有哪些?

耐贮性是指萝卜在一定期限内保持其优良品质和减少损耗的能力。抗病性是指萝卜能抵抗病原微生物侵入并阻止其发病的能力。耐贮藏的萝卜一般比较抗病,不抗病的显然不耐贮藏。但是抗病的不一定耐贮藏。萝卜的耐贮性与抗病性是由萝卜的各种生理特性、化学成分和组织结构决定的,既受遗传基因的控制,又受其个体发育环境条件的制约。萝卜贮藏保鲜的特点是依靠新鲜萝卜的正常新陈代谢功能来保持其本身的耐贮性和抗病性,从而防止变质败坏。影响耐贮性与抗病性的因素主要有以下几个。

(1)品种　不同品种之间的耐贮性、抗病性的差别很大。贮藏萝卜以秋播的皮厚、肉质较紧实、含糖多的品种为宜。肉质根地上部比地下部长的品种较好,绿皮品种比红皮品种和白皮品种耐贮。一般晚熟品种比早熟品种耐贮、抗病,这是因为前者的合成代谢比较强,在遭受机械损伤和病菌侵袭时则能产生积极的保卫反应。

(2)呼吸作用　收获后的萝卜其呼吸作用在新陈代谢总体中占着主导地位。呼吸的保卫反应表现在多个方面:在逆境条件下,仍能保持正常的代谢过程,不易发生生理失调;遭受机械损伤时,能产生愈伤组织,恢复表面保护结构;当病原微生物侵害时,提高呼吸强度,分解、破坏、削弱病原微生物分泌的毒素,从而抑制或中止侵染过程,也可形成坏死圈,以阻止微生物入侵,或产生植保素,如咖啡酸、绿原酸等,以构成一个对抗病原菌的防卫层。不同品种的萝卜,呼吸保护反应的速度和程度不同。在逆境条件下,呼吸增强的则抗逆性强,反之则弱。

(3)**自然条件** 不同纬度、海拔高度以及大陆性或海洋性气候地区,在气温、日照、降水量等气候条件方面都有很多的不同,这对萝卜的生物学特性的形成有很大影响。南方地区的品种或同一品种在南方栽培的,干物质和含糖量往往比北方地区的高些,而有机酸和维生素 C 含量较低。山地或高原地区生长的萝卜,糖、维生素 C、蛋白质等都比平原地区的有明显增高,表面保护组织也较发达。这些不仅影响到产品的品质,而且同耐贮性、抗病性显然也有关系。生长季节阴凉多雨时,常常使萝卜含糖量降低,缺乏应有的风味,耐贮性和抗病性也降低。

(4)**栽培技术** 在萝卜营养生长期间,施用氮肥过量则含糖量降低,成熟延迟,组织柔嫩而削弱耐贮性、抗病性;增施钙肥有利于加强萝卜等蔬菜的抗病性;灌水过多特别是临近收获前的大肥大水,则显著降低产品的耐贮性、抗病性。

(5)**贮藏环境** 萝卜的贮藏环境条件主要指温度、湿度和气体成分。对各种环境条件,不仅要注意它们的单独影响,尤其需要重视各种环境的综合影响。理想的贮藏环境应该是既有利于延缓萝卜耐贮性、抗病性的衰降,又有利于抑制微生物的活动。

13. 萝卜贮藏期间影响其商品性的病害有哪些?

萝卜贮藏中的致腐病害,大多是田间带菌,在贮藏中发展致腐,所以田间病害防治与萝卜耐贮性和贮藏效果关系极为密切。贮藏期间影响萝卜商品性的病害主要有病毒病、软腐病、黑腐病。

14. 萝卜贮藏期间影响其商品性的生理病害有哪些?

(1)**糠心** 萝卜没有生理上的休眠期,在贮藏中遇有适宜的条件便萌芽抽薹,这样就使薄壁组织中的水分和养分向生长点转移,从而造成糠心;贮藏温度过高、机械损伤都可促进呼吸,使水解作用旺盛,养分消耗增大,加速糠心;贮藏场所空气干燥,促使蒸腾作用加强也是造成薄壁组织脱水而糠心的原因。萌芽与糠心不仅使肉质根失重、糖分减少,而且使组织绵软、风味变淡、降低食用品质。所以,防止萌芽和糠心是萝卜贮藏的关键问题。

(2)**冻害** 由冻结造成的伤害叫冻害。为了抑制萝卜的呼吸作用,减少营养物质的消耗,防止病菌的侵染,在萝卜运输和贮藏过程中要求保持适当的低温。但是如果环境温度低于萝卜细胞液的冰点(一般在-1℃左右),细胞液冻结,就会产生冻害。冻结对萝卜造成危害,是因为冰晶对细胞壁的机械损伤以及原生质脱水变性造成的。冰晶在细胞间隙中形成并不断增大,对细胞产生机械压力,引起细胞壁的破裂,使细胞受伤,最后导致死亡。由于细胞内水分不断渗透到细胞间隙,使原生质脱水,造成细胞内部可溶性物质浓度提高,对细胞有毒害作用。一些代谢产物数量增多,都会产生毒害。原生质胶体发生不可逆的变性,一些水解酶的活性也会加强。这些都不利于萝卜贮藏,甚至使萝卜失去食用价值。

(3)**结露** 结露又称"出汗"。是由于环境条件中温度和湿度的变化,在萝卜肉质根表面凝结成细小水滴的现象。形成结露的原因有两种:一种是萝卜堆内的温度高于环境温度,而堆中间又没有通气孔可散发热量,当堆内的湿热空气向外蒸发遇到外界冷气达到露点时,便在其堆面上凝结成水滴。另一种是萝卜温度低于外界温度,湿热空气与萝卜接触时也会凝结成水珠。萝卜发生"出汗"现象,对贮藏是很不利的。因为萝卜表面潮湿,给病菌的迅速繁殖和侵染创造了有利条件,病菌活动时所分泌的有毒物质也易借水透入细胞内造成腐烂变质。

要防止萝卜结露,必须控制贮藏环境的空气相对湿度不要达到饱和,而且要防止温度波动;堆码时,包装容器之间的空隙要通行无阻,堆放的厚度不宜太厚。

15. 在运输过程中怎样保护萝卜的商品性?

萝卜肉质根含水量高达 90%～95%,皮薄肉脆,缺乏含有蜡质、角质等成分的表面保护层,在采收及运输过程中,很容易受到机械损伤而引起病原微生物的侵染,造成腐烂变质,丧失商品价值和食用价值。所以在运输过程中,必须根据萝卜的采后生理特点,创造适宜的条件,注意保护萝卜的商品性、提高保鲜率、增加经济效益。

为保护和提高萝卜的商品性,第一要注意从采收到运输、贮藏管理的各个环节,避免或减少机械损伤并尽量减少倒动次数。第二对萝卜肉质根进行筛选、分级,包装。包装可减少萝卜间的摩擦、碰撞和挤压造成的损伤,使其在流通中保持良好的稳定性,提高商品率。包装可用筐、麻袋或编织袋等。包装容器要求清洁、干燥、牢固、透气,无污染、无异味、无有毒化学物质,内部无尖突物、光滑,外部无尖刺。包装的规格大小和容量要考虑便于堆码、搬运及机械化、托盘化操作。萝卜产品加包装物的重量一般不超过 20千克。第三在长途运输前要对产品进行预冷处理,迅速去除田间热和呼吸热。第四经过预冷后的萝卜,在装车前将车厢底面和箱板四周铺上专用保温棉套,然后装车,边装边覆盖棉套,装完后检查是否完好。在运输过程中保持低温高湿的环境条件,以免温度升高影响萝卜的商品性。在有条件的情况下,最好使用专用的空调冷藏车运输,以减少损失,提高商品率。

九、安全生产与萝卜商品性

1. 萝卜安全生产包括哪几个方面？为什么说安全生产是保障萝卜商品性的重要方面？

萝卜安全生产是指在萝卜生产过程中，采用严格的环境质量标准和生产技术规程，使最终产品不含对人体有毒、有害物质或将其控制在安全标准以下，对人体健康不产生任何危害的萝卜生产。主要有无公害萝卜生产、绿色食品萝卜生产和有机食品萝卜生产3个层面。对有毒、有害物质的控制贯穿从土地到餐桌的全过程。包括萝卜栽培环境有害物质控制，萝卜生产技术控制，土壤微环境无害化控制和白色污染控制，以及采后处理、包装运输过程有害物质控制。全面提高萝卜产品的卫生品质和加工品质，使萝卜产品在商品品质、营养品质、风味品质等方面获得正常甚至超常表达，保障萝卜商品性的优良，提升其在市场竞争中的核心竞争力。

2. 萝卜安全生产目前可遵循的标准有哪些？

萝卜安全生产可遵循的标准有无公害标准、绿色食品标准、有机食品标准。三者的区别是颁证机构不同，制定标准不同，控制有毒物质渗入蔬菜的程度有差异。

(1) 无公害标准 认证机构是各省、自治区、直辖市农业厅（局）和国家农业部，产品达到中国普通蔬菜质量水平，是配合农业部无公害食品行动计划而制定的系列标准。这些标准有农产品质量安全标准体系、农产品质量安全监督检测体系、农产品质量安全认证体系、农业技术推广体系、农产品质量安全执法体系及农产品质量安全信息体系六大体系。强制标准有 GB 18406.1—2001

农药最大残留限量等,行业标准有 NY 5010—2001　无公害食品蔬菜产地环境条件、NY 5001—2001　无公害食品韭菜等。

(2)**绿色食品标准**　包括产地环境质量标准、生产技术标准、产品质量和卫生标准、包装标准、贮藏和运输标准及其他相关标准,它们构成了绿色食品完整的质量控制标准体系。绿色食品的开发管理体系有:严密的质量标准体系、全程质量控制措施、网络化的组织系统及规范化的管理方式。产品质量达到发达国家普通食品质量标准,由农业部管理、颁发绿色食品商标。

(3)**有机食品标准**　是国家环保总局根据国际有机农业运动联合会(简称 IFOAM)有机生产和加工的基本标准,参照欧盟有机农业生产规定(EEC No. 2092/91)以及德国、瑞典、英国、美国、澳大利亚、新西兰等国的有机农业协会和组织的标准和规定,结合我国农业生产和食品行业的有关标准,制定了有机食品认证标准。由国家环保总局颁证,产品达到生产国或销售国普通食品质量水平。

3. 萝卜安全生产对栽培环境有什么要求?

萝卜安全生产对栽培环境的要求体现在以下几个方面。

(1)**产地**　生产基地应远离工矿区、废水排放区、医院和生活污染源、交通要道。见附表 2。

(2)**空气**　栽培地的空气无工业废气污染、粉尘污染和汽车尾气排放污染等。见附表 3。

(3)**水源**　灌溉用水要求不含各种有毒物质,最好能达到人、畜饮用水标准。见附表 4。

(4)**土壤条件**　要求栽培地土壤富含有机质、肥沃、土层深厚、疏松,以砂壤土或壤土为佳,无工业废渣、废水和城市生活垃圾污染,无明显缺素和前茬作物病虫害残留等。见附表 5。

(5)**农药残留**　要求栽培地中无农药尤其是剧毒农药残留。

(6)**有害微生物** 有害微生物来源于前茬有病作物的残体、未腐熟人或动物的排泄物,最终影响到土壤微生态环境。要求无明显的有害微生物存在。

(7)**白色污染** 指农田中以前作物栽培所使用的地膜和农膜的残片对土壤所造成的污染,应在翻耕、整地、做畦等土地作业时尽量清理干净。

4. 萝卜安全生产的施肥原则是什么?

总的施肥原则是多施有机肥料,少用化肥或不用化肥。

(1)**化肥施用** 根据所采用栽培标准的不同,对化肥的施用有不同的要求。无公害蔬菜和绿色食品蔬菜生产可适度施用化肥,有机蔬菜生产杜绝使用化肥。化肥使用上要采用配方施用、测土施肥技术,选择缓释化肥品种,不使用硝态氮肥。根据萝卜不同的生长阶段科学施用,宁少勿多,控制使用量,并要以各种有机肥为主。

(2)**有机肥的施用** 农业上有机肥的来源十分广泛,有绿肥、农作物秸秆、各类动植物残体、人类和各种动物的排泄物以及植物残体不完全矿化产物(泥炭、草炭、风化煤等)。在有机肥的施用中,除少数(如泥炭、草炭)可直接用于栽培中,其他类型都要经过堆制、发酵、腐熟过程,最后以堆肥形式施入田间。有机肥的施用量要视堆肥质量和栽培作物的需求而定,但以前者为主。从生态学观点来看,有机肥的作用除了具备全面的营养元素外,更多的是为土壤环境提供丰富的有益微生物,并激活土壤生命力,使土壤源源不断地分解和提供各种营养成分,所以堆肥制作技术是萝卜安全生产中施肥的关键技术。

施肥按照无公害蔬菜生产技术要求,针对萝卜生长特性及其需肥规律,原则按 NY/T 394—2000 标准执行。不使用工业废弃物、城市垃圾和污泥;不使用未经发酵腐熟、未达到无害化指标、重金属超标的人、畜粪尿等有机肥料。有机肥料无害化卫生标准见附表6。

5. 萝卜安全生产对病虫害防治的原则是什么?

参照农业植保科学发展的最新成果,结合国外发达国家"有害生物综合治理"(IPM)的概念和内容,我国农业部确定"预防为主,综合防治"的植保方针。综合防治是对有害生物进行科学管理的体系。它从农田生态系总体出发,根据有害生物和环境之间的相互关系,充分发挥自然控制因素的作用,因地制宜地协调应用必要的措施,将有害生物控制在经济损害水平以下,以获得最佳的经济、社会和生态效益。蔬菜安全生产中对病虫害防治的原则是选择高抗性品种,以物理防治、生物防治和农业防治手段为主,化学防治为辅(选用高效、低毒、低残留、与环境相容的绿色农药)。

6. 萝卜安全生产禁用哪些剧毒高残留农药?

萝卜安全生产中要求采用农业防治和生态学防治病虫害,少用农药或不用农药,严禁使用剧毒、高毒、高残留或具有三致(致癌、致畸、致突变)农药。《中华人民共和国农业行业标准》中规定的无公害萝卜生产禁用农药种类包括:甲胺磷、甲基对硫磷、对硫磷、久效磷、磷胺、甲拌磷、甲基异硫磷、特丁硫磷、甲基硫环磷、治螟磷、内吸磷、克百威、涕灭威、灭线磷、硫环磷、蝇毒磷、地虫硫磷、氯唑磷、苯线磷、六六六、滴滴涕、毒杀芬、二溴氯丙烷、杀虫脒、二溴乙烷、除草醚、艾氏剂、狄氏剂、汞制剂、砷类、铅类、敌枯双、氟乙酰胺、甘氟、毒鼠强、氟乙酸钠、毒鼠硅等。

使用化学农药时,应执行 GB 4286—89 和 GB/T 8321、NY/T 393—2000 标准要求,并注意合理混用、轮换、交替用药,防止或推迟病原物和害虫抗药性的产生与发展。萝卜农药安全使用标准见附表7。

7. 萝卜安全生产新型栽培方式主要有哪些?

萝卜安全生产新型栽培方式主要有萝卜无公害生产、立体种植、叶用萝卜生产、萝卜芽菜生产和出口萝卜生产。

萝卜无公害生产是指在达到无公害标准的生产基地上,选用抗病、优质、丰产、抗逆性强、适应性与商品性好的品种,肥料施用和病虫害防治符合国家和行业标准,产品各项指标达到无公害食品萝卜卫生要求,并获得权威部门认证的生产过程。

萝卜立体种植是把萝卜和其他作物在一定时间和空间内组合在一起,科学地进行间、套、轮作,提高复种指数,以充分利用生长空间和时间,多层次、多茬口地进行萝卜生产的一种种植制度。通过立体种植可以有效利用光能,改善通风透光条件,改善土壤结构,减少病虫害发生和危害,提高萝卜的单位面积产量和经济效益,充分应用农业生态学原理,注重经济、生态和社会效益的综合表现。

叶用萝卜生产是指专食用其叶部的一类萝卜的生产。此类萝卜根部很小,叶子表面无茸毛,耐热、耐湿,生长快速、强健,全年均可栽培。播种后20~25天即可采收,品质佳,尤其适合夏季栽培,少有病虫害发生,适合有机栽培。目前日本和我国台湾均大面积种植,国内已引种推广,并得到迅速发展。

萝卜芽菜生产是利用萝卜种子贮藏的养分,在黑暗或弱光条件下直接生长出可供食用的芽苗的生产。因其营养、速生、高产、无污染的优点,成为近几年发展较快的一种萝卜生产。

出口萝卜生产是指以出口为目标所组织的萝卜生产。出口品种以加工、水果兼用型和外商指定品种为主。各国对进口萝卜的规格质量都有严格的标准,客观上促进了萝卜的安全生产。

8. 萝卜芽菜的生产特点与丰产基础如何?

萝卜芽菜是萝卜种子在人工控制的环境条件下,直接生长出的芽苗供食用的蔬菜产品。

(1)萝卜芽菜的生产特点

①产品质量标准高　萝卜芽主要靠种子中贮藏的养分转化而成,生长时间短,很少有病虫害发生,无须施肥打药,产品无污染,较易达到绿色食品蔬菜和有机蔬菜标准。

②营养价值高　萝卜芽富含维生素 C、维生素 A,品质柔嫩,风味独特,易于消化吸收,为老少皆宜的高档蔬菜。

③适宜工厂化生产　萝卜芽生长快,培育周期短,只要能满足水分、温度、氧气等条件,就能生产出符合市场需要的产品,因此环境条件相对容易控制,适宜工厂化集约生产。

④生产方式灵活多样　萝卜为半耐寒性蔬菜,幼苗适宜温度范围较广,可采用多种设施进行生产。如冬季利用日光温室、改良阳畦进行生产,夏季可利用遮阳网进行生产,农家庭院、闲置房屋、闲散空地都可设栽培架进行生产,城镇居民可在阳台、房屋过道等处采用盘栽、盆栽等形式进行生产。

(2)萝卜芽菜的丰产基础　高标准栽培的萝卜芽菜,主要依赖种子所贮养分转化而成,只用清水生产。产品丰产与否和种子千粒重高低、籽粒饱满程度有密切关系,大粒品种和饱满度好的萝卜种子可生产出高产优质的萝卜芽菜。

9. 萝卜芽的营养成分及食用方法如何?

萝卜芽富含多种矿物质、维生素、蛋白质和糖类,产品柔嫩,味道鲜美,风味独特,且无任何污染,被认为是一种高档的新型蔬菜。可清炒、凉拌、做沙拉、做汤、涮锅、拌馅料等,食用方法多样。研究发现,红萝卜籽发芽后 3 天时的维生素 C 含量最高、为 950 毫克/

千克,明显高于萝卜肉质根含量(148毫克/千克),可作为蔬菜替代品用于高寒、高海拔地区及远洋航海中蔬菜缺乏时维生素C的补充。

10. 萝卜芽怎样生产?

(1)生产环境要求 萝卜芽喜温暖湿润环境,不耐高温干旱。生产过程早期需要遮光。适宜条件下,播种后7~10天、下胚轴长到8~9厘米时即可收获上市。种子发芽适宜温度为20℃~25℃,生长适温为15℃~25℃。适宜的环境湿度低于70%为佳。

(2)品种选择 几乎所有的萝卜品种都可用于萝卜芽菜生产,但为保证生长迅速整齐、幼芽肥嫩,宜选用价格便宜、种子千粒重高、肉质根表皮绿色或白色品种的萝卜种子。全国不同地区生产宜选用适应本地区自然条件的萝卜品种种子,并注意选取适应高、中、低温的不同品种,供应不同季节、不同施肥条件下的周年生产。常见品种有大青皮萝卜、丰光、丰翘萝卜等。

(3)生产技术 包括以下几种:①生产场地和容器消毒。萝卜芽生产分为育苗盘生产和地床播种生产。消毒方法:生产场地每平方米用2克硫磺密闭熏蒸10小时。栽培容器用0.1%~0.2%漂白粉或0.3%高锰酸钾溶液刷洗消毒,用清水冲洗干净。②种子处理。对种子进行筛选,去除杂质,选择饱满的种子。浸种1~2小时,催芽后晾干即可用于播种。③播种。育苗盘播种,预先要对育苗盘清洗消毒,铺一层白纸,播种量干籽每盘为50~100克。播种后每天浇2次清水,遇阴雨天可酌情浇1次水。④芽苗采收与病虫害防治。萝卜芽在子叶充分展开、刚出现真叶时,即应及时采收。为防止病害发生,每次采收后应及时将苗盘清理干净,用1%高锰酸钾溶液浸泡苗盘1小时,清洗干净可用于下次芽菜的生产。水培萝卜芽菜的用水应达到饮用水标准。井水或自来水都应放置24小时,目的在于使水温和空气温度接近及水中有毒气体逸出。

11. 叶用萝卜的营养价值及食用方法如何?

叶用萝卜营养价值高,富含维生素 A、维生素 B_1、维生素 B_2、维生素 C、钙、磷、铁、纤维素、糖类、脂肪、蛋白质等营养成分。据分析,可食鲜叶 100 克的营养成分为:热量 205~331 千焦,蛋白质 1.8~5.2 克,脂质 0.1~0.7 克,碳水化合物 2.7~7.1 克,纤维素 1.1 克,钙 140~290 毫克,磷 30~65 毫克,铁 1.2~1.4 毫克,钾 420 毫克,维生素 A 940~3 000 单位,维生素 B_1 0.08~0.4 毫克,维生素 B_2 0.25 毫克,维生素 B_5(泛酸)0.5 毫克,维生素 C 70~90 毫克。另含有系列脂肪酸 51.4 毫克。维生素 A 含量是动物肝脏的 3 倍,维生素 B_1 比豆类多,维生素 B_2 是牛奶的 2~3 倍,维生素 C 含量是橘子的 2~3 倍。足见维生素含量之高。

叶用萝卜食用方法多样,可做蔬菜沙拉、亦可凉拌、或煮食或炒食,味道鲜美。可做汤做馅,作为配菜与多种食材同炒。还可与牛蒡、胡萝卜、白萝卜、香菇同煮,即为中医古方的"五色养生汤"。汤汁饮用,可提高人体免疫力,防癌抗肿瘤。近年来,日本科学家通过科学实验证明其神奇功效,起名"五形蔬菜养生汤",风靡全球。

12. 叶用萝卜的主要品种有哪些?

目前我国叶用萝卜品种多数从日本引进。主要品种有以下几种:①美绿。板叶形,叶色深绿无茸毛,生长快速强健,全年均可种植。叶长 20~30 厘米,叶数 6~9 片可采收。单株重 23~37 克,每平方米产量 2.8~3.9 千克。辛辣味不强,有甜味,富含维生素、胡萝卜素和钙,品质优良。②绿津。生长快速旺盛,播种后 20~25 天可采收。采收时叶片 6~7 片。株高 23~25 厘米,单株重 20~21 克。株型直立。板形叶,茸毛少。叶柄淡紫色,基部色

泽较深。叶柄有弹性,不易折断,便于包装。③翠津。播种后21~
25天即可采收,生长迅速、长势强。6~7片叶采收。株高25~28
厘米,单株重25克左右。叶片有缺刻,茸毛极少。叶柄绿色,有弹
性,易于包装。

13. 叶用萝卜的栽培技术要点是什么?

选择排灌方便、富含有机质的沙质壤土,土壤 pH 值 5.6~
6.8最佳。全年均可栽培,施肥以腐熟有机质肥料为宜。整地做
畦,畦宽100厘米(包括畦沟)。在畦面开1.5厘米深播种沟,行距
15厘米、株距5厘米,每畦播4~5行,穴播种子1~2粒,也可行
条播,覆土踩实。

播种后1周进行第一次间苗,3叶时进行第二次间苗,最终株
距10厘米。应注意灌溉,经常保持土壤湿润状态,降水后及时排
水。

如有虫害,宜采用低毒、低残留农药防治。干旱期易发生黄条
跳甲为害,应及时施治。采收前7天停止用药。播种至采收适期,
一般为21~30天,植株有6~7片叶。应于采收适期收获、清洗,
以7~8株束为一小把,重量在150克左右,及时上市。

十、标准化生产与萝卜商品性

1. 什么是农作物的标准化生产？萝卜标准化生产的特点是什么？

农作物的标准化生产是指以农业科学技术和实践经验为基础，运用"统一、简化、协调、选优"的原则，把先进的农业科研成果和经验转化成标准化加以实施，使农作物生产在产前、产中、产后全过程纳入标准化生产和标准化管理的轨道所进行的农业生产。简单地说，就是按照标准生产农作物的过程。

萝卜标准化生产的特点是指在萝卜生产中的产地环境、生产过程和产品质量都必须符合国家与行业的相关标准；产品须经质量监督检验机构检测合格；必须要有权威部门颁发的认证标识。

2. 发展萝卜标准化生产的意义是什么？

其一，标准化生产是萝卜质量安全的技术保证，从产地环境、生产过程到最后包装运输的每个环节都有标准可循，保障萝卜的质量安全。第二，标准化生产是增强萝卜市场竞争力，进入国际市场的必要条件。推行萝卜标准化生产，使产品的质量与结构同国际标准和市场需求接轨，生产出优质、高产、具有竞争力的产品，提升萝卜的出口创汇能力。其三，标准化生产是创立品牌、提高萝卜种植效益的需要。其四，标准化生产是实现萝卜产业可持续发展的需要。因为标准化生产不仅是优质、高产、高效生产，同时也是合理利用资源、生态良性循环的可持续发展的生产。

3. 为什么标准化生产可以有效地提高萝卜的商品性？

萝卜的商品性是指萝卜产品在商品品质、营养品质、风味品质、卫生品质和加工品质各方面的综合表现优化。每一方面品质的提高都会提升萝卜商品性的综合表现，增强市场竞争力。而萝卜的标准化生产要求在品种生产布局、生产环境、栽培管理技术、病虫害防治、采后处理、包装运输等方面都实行标准化管理，使产品在商品表现、营养价值、风味、安全性和采后状况等表现维持较高水平，可全面提高萝卜的商品性。

4. 萝卜标准化生产体系包括哪几个方面？

我国农业标准化体系建设尚处于试点和起步阶段，与国际上先进水平还有很大差距。但正在加速改进，至 20 世纪末，已完成农业方面的国家级标准 1 056 项，行业标准 1 600 项，各省、自治区、直辖市制定的农业地方标准 6 179 项。初步形成以国家标准为主体，行业标准、地方标准和企业标准相衔接配套的产前、产中、产后全过程的农业标准体系。

5. 萝卜标准化生产管理应从哪几个方面进行规范？

一是萝卜标准化生产的品种选择和种子生产。二是萝卜标准化生产的环境要求和露地标准化栽培条件的优化。三是萝卜标准化生产的栽培管理技术。四是萝卜标准化生产的病虫害防治技术。五是萝卜采后处理技术及产品质量标准。

6. 在萝卜标准化生产中应如何制定种植管理规程，规范生产资料的使用，确定病虫害防治方案？

萝卜标准化生产的种植管理规程：①萝卜的栽培季节与茬口

安排(不同产地的萝卜栽培季节与茬口安排和不同季节栽培的萝卜茬口要求)。②栽培技术规程包括：土壤选择、整地、确定播期、间苗、水分管理、中耕除草、施肥、肉质根膨大期管理、收获。(栽培技术根据不同地区、不同栽培季节和茬口有所不同,流程上体现出有所增减)。

萝卜标准化生产涉及的生产资料主要有肥料和农药。肥料中主要规范化肥的使用,农药的使用依相关的标准。

病虫害的防治方案分为病害防治和虫害防治。病害防治规程：①选择抗病品种。②种子防病处理。③农业措施。④防治虫媒。⑤药剂防治。虫害防治规程：①清洁田园。②农业防治。③生物防治。④使用频振式杀虫灯和黄板。⑤药剂防治。针对不同年份、不同地区发生病虫害种类及其危害程度的不同,遵照"防重于治"和"以生物防治为主,药剂防治为辅"的防治原则,综合防治病虫害,为生产安全的萝卜产品提供保证。

7. 在标准化生产中如何规范萝卜采后处理,提高萝卜的耐贮性?

(1)**品种要求** 选择秋播的晚熟品种,特别是适合生食的绿皮品种,如卫青、心里美等。

(2)**采前要求** 在生长后期应适当浇水,采收前1周停止浇水。多施磷、钾肥和有机肥。

(3)**采收标准** 萝卜的肉质根充分膨大、茎基部变圆、叶色转淡并开始变黄时采收最为适宜。必须在霜冻节气前采收。

(4)**预贮措施** 采收时拧去叶缨,堆成小堆,覆盖菜叶。收获后如外界气温较高,需进行预贮。在有通风道的浅坑中堆积,上覆薄土,待地面开始结冻时入窖。

附录　萝卜产品卫生质量标准

1. 萝卜营养成分　见附表1。

附表1　萝卜营养成分*

营养成分	单　位	每100g可食部分含量
大量成分		
水	g	95.27
能　量	kJ	66
蛋白质	g	0.68
总脂肪	g	0.10
灰　分	g	0.55
总碳水化合物	g	3.40
纤维(总可食部分)	g	1.6
总　糖	g	2.12
蔗　糖	g	0.12
葡萄糖	g	1.19
果　糖	g	0.80
乳　糖	g	0.00
麦芽糖	g	0.00
半乳糖	g	0.00
淀　粉	g	0.00
矿物质		
钙(Ca)	mg	25
铁(Fe)	mg	0.34

续附表 1

营养成分	单 位	每 100g 可食部分含量
镁（Mg）	mg	10
磷（P）	mg	20
钾（K）	mg	233
钠（Na）	mg	39
锌（Zn）	mg	0.28
铜（Cu）	mg	0.050
锰（Mn）	mg	0.069
硒（Se）	mcg	0.6
维生素		
维生素 C	mg	14.8
维生素 B_1	mg	0.012
核黄素	mg	0.039
烟 酸	mg	0.254
泛 酸	mg	0.165
维生素 B_6	mg	0.071
叶 酸	mcg	25
维生素 B_{12}	mcg	0.00
维生素 A（视黄醇）	IU	7
维生素 K	mcg	1.3
脂 质		
总饱和脂肪酸总量	g	0.030
总单不饱和脂肪酸	g	0.017
胆固醇	mg	0
植物甾醇类	mg	7

续附表 1

营养成分	单　位	每 100g 可食部分含量
氨基酸		
色氨酸	g	0.004
苏氨酸	g	0.029
异亮氨酸	g	0.030
亮氨酸	g	0.037
赖氨酸	g	0.035
蛋氨酸	g	0.007
胱氨酸	g	0.005
苯丙氨酸	g	0.023
酪氨酸	g	0.013
缬氨酸	g	0.032
精氨酸	g	0.040
组氨酸	g	0.013
丙氨酸	g	0.022
天冬氨酸	g	0.048
谷氨酸	g	0.132
甘氨酸	g	0.022
脯氨酸	g	0.018
丝氨酸	g	0.021
其他成分		
β-胡萝卜素	mcg	4
叶黄素＋玉米黄质	mcg	10

＊美国农业部国家营养数据库标准参考值,2003

2. 萝卜安全生产产地环境指标　见附表2。

附表2　萝卜安全生产产地环境指标

项　目	指标(m)	项　目	指标(m)
距离高速公路、国道	≥1000	距离医院、生活污染源	≥3000
距离地方主干道	≥800	距离工矿企业	≥2000

3. 环境空气质量指标　见附表3。

附表3　环境空气质量指标

项　目	指　标	
	日平均	1小时平均
总悬浮颗粒物(标准状态),mg/m³	≤0.30	—
二氧化硫(标准状态),mg/m³	≤0.15	≤0.50
氮氧化物(标准状态),mg/m³	≤0.10	≤0.15
氟化物,μg/(dm² · d)	≤5.0	—
铅(标准状态),μg/m³	≤1.5	—

4. 灌溉水质量指标　见附表4。

附表4　灌溉水质量指标

项　目	指　标
氯化物,mg/L	≤ 250
氰化物,mg/L	≤ 0.5
氟化物,rng/L	≤ 3.0
总汞,mg/L	≤ 0.001
砷,mg/L	≤ 0.05

续附表 4

项 目	指 标
铅,mg/L	≤ 0.1
镉,mg/L	≤ 0.005
铬(六价),mg/L	≤ 0.1
石油类,mg/L	≤ 1.0
pH 值	5.5～8.5

5. 土壤环境质量指标　见附表 5。

附表 5　土壤环境质量指标

项 目	指 标		
	pH<6.5	pH6.5～7.5	pH>7.5
总汞,mg/kg	≤0.3	≤0.5	≤1.0
总砷,mg/kg	≤40	≤30	≤25
铅,mg/kg	≤100	≤150	≤150
镉,mg/kg	≤0.3	≤0.3	≤0.6
铬(六价),mg/kg	≤150	≤200	≤250
六六六,mg/kg	≤0.5	≤0.5	≤0.5
滴滴涕 mg/kg	≤0.5	≤0.5	≤0.5

6. 有机肥料无害化卫生标准　见附表 6。

附表 6　有机肥料无害化卫生标准

项 目	卫生标准及要求
高温堆肥	
堆肥温度	最高堆温达 50℃～55℃,持续 5～7 天

续附表6

项　目	卫生标准及要求
蛔虫卵死亡率	95%～100%
粪大肠菌值	10^{-1}～10^{-2}
苍　蝇	有效地控制苍蝇孳生,肥堆周围没有活的蛆、蛹或新羽化的成蝇
沼气发酵肥	
密封储存期	30天以上
高温沼气发酵温度	53℃±2℃持续2天
寄生虫卵沉降率	95%以上
血吸虫卵和钩虫卵	在使用粪液中不得检出活的血吸虫卵和钩虫卵
粪大肠菌值	普通沼气发酵10^{-1};高温沼气发酵10^{-1}～10^{-2}
蚊子、苍蝇	有效地控制蚊、蝇孳生,粪液中无孑孓,池的周围无活的蛆、蛹或新羽化的成蝇
沼气池残渣	经无害化处理后方可作农肥

7. 萝卜农药安全使用标准(GB 4285—89) 见附表7。

附表7　萝卜农药安全使用标准　(GB 4285—89)

农　药	剂型	每公顷用药量或稀释倍数	每公顷最高用药量或稀释倍数	施药方法	最多使用次数	最后一次施药离收获的天数	
乐　果	40%乳油	750mL,2000倍液	1500mL,800倍液	喷雾	6	不少于5天	叶若供食用,间隔期9天
溴氰菊酯	2.5%乳油	150mL,2500倍液	300mL,1250倍液	喷雾	1	不少于10天	

续附表7

农药	剂型	每公顷用药量或稀释倍数	每公顷最高用药量或稀释倍数	施药方法	最多使用次数	最后一次施药离收获的天数
氰戊菊酯	20%乳油	450mL，2500倍液	750mL，1500倍液	喷雾	2	不少于21天
二氯苯醚菊酯	10%乳油	375mL，2000倍液	750mL，1000倍液	喷雾	3	不少于14天

8. 无公害萝卜的卫生质量标准 见附表8。

附表8 无公害萝卜的卫生质量标准

序 号	有害物质名称	指标(mg/kg)	检测依据
1	砷(以 As 计)	≤0.5	GB/T 5009.11
2	汞(以 Hg 计)	≤0.01	GB/T 5009.17
3	铅(以 Pb 计)	≤0.2	GB/T5009.15
4	铬(以 Gr 计)	≤0.5	GB/T 14962
5	镉(以 Cd 计)	≤0.05	GB/T 5009.15
6	氟(以 F 计)	≤0.5	GB/T 5009.18
7	硝酸盐(以 $NaNO_3$ 计)	≤1200	GB/T 5009.33
8	亚硝酸盐(以 $NaNO_2$ 计)	≤4	GB/T 5009.33
9	溴氰菊酯	≤0.05(根)	GB/T 17332
10	氰戊菊酯	≤0.5(叶)	GB/T 17332
11	敌敌畏	≤0.2	GB/T 5009.20
12	乐果	≤1.0	GB/T 5009.20
13	敌百虫	≤0.1	GB/T 5009.20
14	乙酰甲胺磷	≤0.2	GB 14876
15	多菌灵	≤0.5	GB/T 5009.38

续附表 8

序　号	有害物质名称	指标(mg/kg)	检测依据
16	三唑酮	≤0.2	GB/T 14970
17	抗蚜威	≤1	GB 14929.2
18	辛硫磷	≤0.05	GB 14875
19	百菌清	≤1.0	GB 14878
20	马拉硫磷	不得检出	GB/T 5009.20
21	对硫磷	不得检出	GB/T 5009.20
22	甲拌磷	不得检出	GB/T 5009.20
23	克百威	不得检出	GB 14929.2
24	甲胺磷	不得检出	GB 14876
25	氧化乐果	不得检出	GB/T 5009.20
26	久效磷	不得检出	GB/T 5009.20
27	涕灭威	不得检出	GB/T 14929.2

参考文献

[1]　汪隆植,何启伟.中国萝卜.北京:科学技术文献出版社,2005.

[2]　中国农业科学院蔬菜研究所.中国蔬菜栽培学.北京:中国农业出版社,1987.

[3]　周长久.萝卜高产栽培.北京:金盾出版社,2002.

[4]　方智远.蔬菜学.南京:江苏科学技术出版社,2004.

[5]　郭素英.设施蔬菜栽培.太原:山西科学技术出版社,2001.

[6]　吕佩珂.中国蔬菜病虫原色图谱.北京:中国农业出版社,1992.

[7]　王玉刚.萝卜标准化生产技术.北京:金盾出版社,2008.

[8]　王久兴.种菜关键技术121题.北京:金盾出版社,2002.

金盾版图书，科学实用，
通俗易懂，物美价廉，欢迎选购

萝卜标准化生产技术	7.00元	芦笋速生高产栽培技术	11.00元
萝卜高产栽培（第二次修订版）	5.50元	图说芦笋高效栽培关键技术	13.00元
提高萝卜商品性栽培技术问答	10.00元	笋用竹丰产培育技术	7.00元
提高胡萝卜商品性栽培技术问答	6.00元	甜竹笋丰产栽培及加工利用	6.50元
生姜高产栽培（第二次修订版）	9.00元	鱼腥草高产栽培与利用	8.00元
山药无公害高效栽培	13.00元	芽菜苗菜生产技术	7.50元
山药栽培新技术（第2版）	16.00元	豆芽生产新技术（修订版）	5.00元
怎样提高马铃薯种植效益	8.00元	袋生豆芽生产新技术（修订版）	8.00元
马铃薯高效栽培技术	9.00元	草莓良种引种指导	10.50元
提高马铃薯商品性栽培技术问答	11.00元	草莓标准化生产技术	11.00元
马铃薯稻田免耕稻草全程覆盖栽培技术	6.50元	草莓优质高产新技术（第二次修订版）	10.00元
马铃薯脱毒种薯生产与高产栽培	8.00元	草莓无公害高效栽培	9.00元
马铃薯病虫害防治	4.50元	大棚日光温室草莓栽培技术	9.00元
马铃薯淀粉生产技术	10.00元	草莓园艺工培训教材	10.00元
马铃薯食品加工技术	12.00元	草莓保护地栽培	4.50元
魔芋栽培与加工利用新技术（第2版）	11.00元	图说草莓棚室高效栽培关键技术	7.00元
荸荠高产栽培与利用	7.00元	图说南方草莓露地高效栽培关键技术	9.00元
芦笋高产栽培	7.00元	草莓无病毒栽培技术	10.00元
芦笋无公害高效栽培	7.00元	有机草莓栽培技术	10.00元
		草莓病虫害及防治原	

简明落叶果树病虫害防治手册	7.50元	技术	10.00元
		苹果高效栽培教材	4.50元
果树害虫生物防治	5.00元	苹果树合理整形修剪图解（修订版）	15.00元
果树病虫害诊断与防治技术口诀	12.00元	苹果套袋栽培配套技术问答	9.00元
大棚果树病虫害防治	16.00元		
果树寒害与防御	5.50元	苹果病虫害防治	14.00元
中国果树病毒病原色图谱	18.00元	苹果园病虫综合治理（第二版）	5.50元
南方果树病虫害原色图谱	18.00元	新编苹果病虫害防治技术	18.00元
果树病虫害生物防治	15.00元	苹果病虫害及防治原色图册	14.00元
苹果梨山楂病虫害诊断与防治原色图谱	38.00元	苹果树腐烂及其防治	9.00元
桃杏李樱桃病虫害诊断与防治原色图谱	25.00元	红富士苹果生产关键技术	6.00元
桃杏李樱桃果实贮藏加工技术	8.00元	红富士苹果无公害高效栽培	20.00元
苹果园艺工培训教材	10.00元	梨树良种引种指导	7.00元
怎样提高苹果栽培效益	13.00元	优质梨新品种高效栽培	8.50元
提高苹果商品性栽培技术问答	10.00元	怎样提高梨栽培效益	7.00元
		梨标准化生产技术	12.00元
苹果优质高产栽培	6.50元	提高梨商品性栽培技术问答	12.00元
苹果优质无公害生产技术	7.00元	梨树高产栽培(修订版)	12.00元
苹果无公害高效栽培	11.00元	梨树矮化密植栽培	9.00元
图说苹果高效栽培关键		梨高效栽培教材	4.50元

以上图书由全国各地新华书店经销。凡向本社邮购图书或音像制品，可通过邮局汇款，在汇单"附言"栏填写所购书目，邮购图书均可享受9折优惠。购书30元(按打折后实款计算)以上的免收邮挂费，购书不足30元的按邮局资费标准收取3元挂号费，邮寄费由我社承担。邮购地址：北京市丰台区晓月中路29号，邮政编码：100072，联系人：金友，电话：(010)83210681、83210682、83219215、83219217(传真)。